"十四五"普通高等教育本科部委级规划教材

传统服饰工艺

CHUANTONG

FUSHI GONGYI

杨静蕊　范春红　骆顺华 / 编著

中国纺织出版社有限公司

内 容 提 要

本书是以传统服饰工艺为教学、创作和研究对象的专业教材，包含理论篇、实践篇和创新篇三大部分。理论篇以织造与编结、印染、刺绣、缝制四大工艺类别入手，分别介绍了各类工艺的发展历史和发展概况，并对一些有代表性的工艺技法进行了详细介绍，使读者对传统服饰工艺的文化和技术传承有基本的了解。实践篇以图文结合的方式，分别对扎染、刺绣、缝制三类传统工艺技法进行了实例详解，使读者通过学习能够掌握基本的工艺技法，提升对中国生活美学的认知与实践能力。创新篇介绍了扎染和刺绣两类传统服饰工艺的创新方法，并以学生的优秀作业作为案例，分析创新思路和创作方法。

本书既可作为高等院校服装专业教材，也可作为服装行业相关人员学习的参考书。

图书在版编目（CIP）数据

传统服饰工艺 / 杨静蕊，范春红，骆顺华编著. --
北京：中国纺织出版社有限公司，2023.6
"十四五"普通高等教育本科部委级规划教材
ISBN 978-7-5229-0611-9

Ⅰ. ①传… Ⅱ. ①杨… ②范… ③骆… Ⅲ. ①民族服
饰－民间工艺－高等学校－教材 Ⅳ. ①TS941.742.8

中国国家版本馆 CIP 数据核字（2023）第 091728 号

责任编辑：郭 沫　　责任校对：江思飞　　责任印制：王艳丽

中国纺织出版社有限公司出版发行
地址：北京市朝阳区百子湾东里 A407 号楼　邮政编码：100124
销售电话：010—67004422　传真：010—87155801
http://www.c-textilep.com
中国纺织出版社天猫旗舰店
官方微博 http://weibo.com/2119887771
北京通天印刷有限责任公司印刷　各地新华书店经销
2023 年 6 月第 1 版第 1 次印刷
开本：889×1194　1/16　印张：13.75
字数：305 千字　定价：59.80 元

　　传统服饰工艺承载了中国几千年的璀璨文化，蕴含着独特的民族特色，但近几十年，传统服饰手工艺日渐衰落。本教材立足于传统文化教育，将中华民族几千年的优秀传统服饰手工艺融入课程体系，系统介绍编织、印染、刺绣、缝制四种传统手工艺的历史发展、实践技能及创新方法，在保持其历史精神和深厚的精神内涵的同时，系统地传授传统知识技能并进行创新性转化，与强化国家本土意识、传承优秀传统文化及融入国际化等现实需要相契合。

　　本书注重培养两种素养：传统服饰工艺的技能素养和基于传统文化的人文素养。通过学习，使读者掌握中国传统服饰工艺的基本技法，并对隐藏在手工艺背后的文化内涵进行解读，由表及里地系统分析和反思当下的研究现状，让读者了解传统服饰工艺背后的文化思想、伦理价值与民族精神，培养学习者将中华优秀传统文化的人文精神融入专业学习中，并进行创造性转化与创新性设计，坚守优秀传统文化育人的"养成教育"。

　　本书的理论部分，由本书编著者牵头组成的教学团队创建的在线课程"传统服饰工艺"，已经在中国大学MOOC（慕课）和智慧树平台上线，读者也可以通过视频的方式参与在线学习。另外，还以鲁绣为对象开设了共享虚拟仿真课"鲁绣工艺交互学习系统"，也已经在智慧树学习平台开放，这种虚拟仿真的交互学习形式使枯燥的鲁绣工艺学习过程更具趣味性，虚拟环境下的交互创作，使学生在不掌握鲁绣工艺实际技能的情况下也可以完成鲁绣的创新设计。

　　希望通过本书的学习，读者能够深入了解传统服饰工艺的文化与技术传承，并掌握基本的工艺技法及创新方法，提升对"中国生活美学"的认知与实践能力。

编著者

2023年2月

目 录

C O N T E N T S

—— 理论篇 ——

第一章 织造与编结

第一节 织造概述 ·················· 002

第二节 织布 ·················· 005

第三节 编结 ·················· 021

第二章 印染

第一节 印染概述 ·················· 032

第二节 蜡缬 ·················· 035

第三节 绞缬 ·················· 038

第四节 夹缬 ·················· 040

第五节 灰缬 ·················· 042

第六节 凸版印花 ·················· 045

第三章 刺绣

第一节 刺绣概述 ·················· 050

第二节 工具材料 ·················· 053

第三节 绣法介绍 ·················· 055

第四节 直针绣法 ·················· 057

第五节 环针绣法 ·················· 060

第六节 经纬绣法 ·················· 061

第七节 钉线钉物绣法 ·················· 066

第四章 缝制

第一节 缝制概述 ·················· 078

第二节 服装缘饰工艺概述 ·················· 079

第三节 镶边工艺技法 ·················· 091

第四节 绲边工艺技法 ·················· 097

第五节 嵌的工艺技法 ·················· 102

第六节 宕的工艺技法 ·················· 105

第七节 盘的工艺技法 ·················· 107

—— 实践篇 ——

第五章　扎染技法

第一节　扎染的工具和材料 …………… 114

第二节　扎染作品的制作流程 …………… 115

第三节　捆扎技法——缝绞法 …………… 116

第四节　捆扎技法——绑扎法 …………… 121

第五节　捆扎技法——夹板法 …………… 125

第六节　捆扎技法——打结法 …………… 127

第七节　染制 …………… 129

第八节　扎染中常见问题分析 …………… 132

第六章　刺绣针法

第一节　直针绣法 …………… 136

第二节　环针绣法 …………… 144

第三节　经纬绣法 …………… 149

第四节　钉线钉物绣法 …………… 153

第七章　缝制工艺技法

第一节　材料准备 …………… 160

第二节　传统手缝针法技艺 …………… 162

第三节　缘边缝制工艺技法 …………… 167

—— 创新篇 ——

第八章　扎染创新

第一节　扎染的创新方法 …………… 176

第二节　扎染创作案例 …………… 183

第九章　刺绣创新

第一节　刺绣的创新方法 …………… 192

第二节　刺绣创作案例 …………… 200

参考文献 …………… 209

教学资源 …………… 210

第一章
织造与编结

课时导引: 4课时

教学目的: 掌握传统织造工艺的历史渊源、织造所用到的工具材料、织造的工艺技法和应用范围，以及如今这些传统工艺的发展情况。通过鲁锦、蜀锦、云锦、仿宋锦、漳绒、缂丝、花带等7种最有特色、复杂的传统织造工艺，领略中国传统织造工艺的悠久历史与高超技艺，体验织造纹样的美感与匠心精神。

教学重点: 鲁锦、蜀锦、云锦、仿宋锦、漳绒、缂丝、花带等7种传统织造工艺的工艺特点、纹样特征及文化内涵。

自主学习: 不同区域传统织造工艺以及这些织造工艺在工艺、纹样与文化上的异同点。

第一节　织造概述

一、织造的历史渊源

　　织造是人类最古老的手工艺之一，是利用纱线按照一定规律交叠形成的平面织物工艺。

　　旧石器时期，人类就有用植物的枝条、韧皮编织成网状的网兜，里面装上石球，抛出去用来击伤动物。在我国近代考古发掘中发现了织物的四个实物证据，第一件是山西夏县西阴村仰韶文化遗址出土的5500年前的蚕茧（图1-1），第二件是河南荥阳青台遗址出土的5500年前的丝织品残片（图1-2），第三件是浙江湖州钱山漾遗址出土的4200年前的丝绢残片（图1-3），第四件是河南荥阳汪沟遗址出土的5000多年前的碳化丝织品（图1-4），这些考古材料证明我国早在5000多年前就开始了养蚕织布，同时这些出土纺织品也有力证明了丝绸起源于中国，因为其他国家尚未发现比这更早的用丝绸织造的织物类考古实物。在2700多年前的春秋时期，山东鲁西南地区的织布技术已经相当成熟，起源于商周的鲁锦是我国历史文献中记载最早的织锦（图1-5），织锦在所有的布类品种中是最复杂、最难织造的，"锦"字在《现代汉语词典》中的意思为"有彩色花纹的丝织品"。东汉训诂专著《释名》里说："锦，金也。作之用功重，其价如金，故字从金帛""织采为文，其价如金"，这是古人对锦的描述。而今谈起锦，便会不由自主想起繁花似锦、锦上添花、衣锦之荣等词语，可见锦自诞生起就包含了人们对美的向往和最好的祝愿。在众多织锦中较为知名的织锦有起源于战国时期的蜀锦（图1-6）、东晋的云锦（图1-7）以及宋代的宋锦（图1-8）与壮锦（图1-9）等。

图1-1 | 山西夏县西阴村仰韶文化遗址出土的蚕茧

图1-2 | 河南荥阳青台遗址出土的丝织品残片

图1-3 | 浙江湖州钱山漾遗址出土的丝绢残片

图1-4 | 河南荥阳汪沟遗址出土的碳化丝织品

图1-5 | 鲁锦

图1-6 | 蜀锦

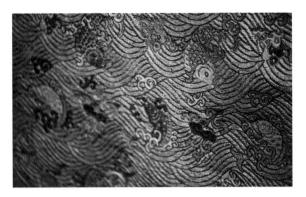

图1-7 | 云锦

图1-8 | 宋锦

图1-9 | 壮锦

图1-10 | 服饰结

图1-11 | 装饰结

图1-12 | 盘扣结

图1-13 | 字艺花结

　　中国编结工艺历史非常久远，是最为古老的手工技艺之一，始于上古，兴于唐宋，盛于明清。其中编结中的中国结艺最有特色、品种丰富。中国的结艺根据其用途可以分为服饰结（图1-10）、装饰结（图1-11）、盘扣结（图1-12）、字艺花结（图1-13）等。还有19世纪从欧洲传入中国的花边编结工艺，这种工艺属于外来的编结工艺，在欧洲已经没落，但20世纪在我国的山东、江浙等沿海地区逐渐兴起，青州府花边与胶东地区的棒槌花边是其中的典型代表。

二、织造的工具和材料

织造用的工具种类很多，其中织布的主要工具是织布机，最早的织布机传说是由黄帝之妻嫘祖和次妃嫫母发明的。半坡遗址出土的踞织机，又叫腰机（图1-14），距今6000年以上，它是现代织布机的始祖。战国时期成功发明的脚踏提综斜织机（图1-15），是织布工具的一次重大革新，直到今天，我国部分少数民族地区还有使用腰机织花带，各种改进的斜织机也仍然被手工织布产业使用。源于欧洲的花边编结工艺应用的工具主要有小棒槌、格子纸与钩针等。

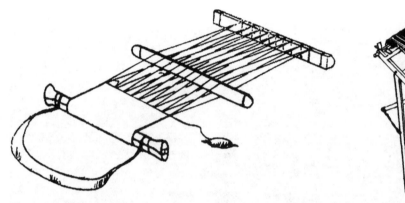

图1-14｜踞织机（腰机）　　　　　　　　　　　图1-15｜战国脚踏提综斜织机

织造的材料经历了一个麻、丝、棉的漫长演变过程。据记载，麻是最早被使用的织造材料，黄帝时代已经开始织麻布。商周时期，黄河流域桑蚕养殖已经比较普遍，丝替代麻成为织造的主要材料，丝绸也开始远销到现在的西亚、东欧等国家，这才有了后来的丝绸之路。宋代和元代交替的时候，棉花从印度沿中国南北两路传入长江和黄河流域广大地区，于是棉替代丝成为主要织造材料。

三、工艺技法

传统手工织造的工艺技法多且杂，采用不同材料，织造的工艺有较大差别，以织棉布为例，从纺线到上机织布经过轧花、弹花、纺线、织布等几十道工序。编结的工艺技法分为挑压法、编辫法、绞编法、收边法、盘花法等。花边工艺技法采用棉线进行扭绞、缠结而成，采用平织、隔织、稀织、密织等技法织造出各种图案。

四、应用范围

织造工艺是传统服饰衣料织造的主要方法，除了用于衣料以外，还可以用于帷帐、毯、床品、装裱、装饰等。绳结在古代应用非常广泛，如早期服装没有纽扣，都是借助衣带打结来替代纽扣，除了实用目的外，古代中国人有佩戴饰物的习惯，饰物基本上都是靠穿绳打结系在衣服上。古人喜欢用锦带编成连环回文形式的结来表达相爱的情愫，名为"同心结"（图1-16）。编结工艺还可以用于制作盘扣、流苏、腰带、披肩、装饰手帕、服装、台布、床罩、被套、枕套、盘垫、窗帘等日常生活用品。

图1-16 | 同心结

五、发展现状

如今，传统的手工织造工艺几乎完全被工业化生产所替代，但作为中国传统丝织品中最奢华、最优雅的织锦，因其精美的材料、复杂的工艺，很难完全用机械化生产替代，包括云锦、宋锦、鲁锦、蜀锦、少数民族织锦等传统的手工织锦技艺至今仍在传承，并得到保护。以棒槌花边为代表的手工编结技艺曾经成功地进行产业化生产，也得到较大的发展，但这些耗费人工的手工艺活态传承也面临困境。受当前市场大环境的冲击，口传手授的传统技艺日渐衰退，传承人也越来越少，有的技艺甚至后继无人，它所赖以生存的土壤与环境遭到破坏，发展空间非常有限。

第二节　织布

织布工艺是传统服饰工艺里面占比最大的部分，衣食住行，衣占首位，说明衣的重要性，而穿衣首先需要织布，因此织布工艺的重要性也就不言而喻。中国织布历史悠久，品种丰富，技艺高超，几千年来产生了大量的具有技术含量、艺术价值和地方特色的工艺，因种类太多，无法一一讲述。本篇挑选鲁锦、蜀锦、云锦、仿宋锦、漳绒、缂丝和花带等7种著名的品种来详细介绍，虽然具有特色的名品远不止这些，但是它们毫无疑问是织品里面最有代表性的，花带是少数民族服饰中最有特色、最复杂的一种传统工艺。

一、鲁锦

鲁锦是历史上记载最早的织锦，鲁锦这个名称是20世纪80年代才命名的。现在的鲁锦并不是高档的绫罗绸缎，而是山东鲁西南地区独特的一种民间手工制作的纯棉提花粗布，只是因为织工精细、色彩丰富像织锦，因此1985年被山东省工艺美术研究所命名为鲁西南织锦，简称鲁锦。最有名的鲁锦产地是鄄城，以这个地方为中心，辐射到鲁西南的菏泽、济宁等地方。

鲁锦的织造工艺工序多，从采棉、纺线到织出布要72道工序，其中主要工序有绞棉花、弹棉花、纺线、打线、浆线、染线、沌线、落线、经线、刷线、做综、闯穿杼、掏综、吊机子、栓布、织布等。

鲁锦色彩和图案很有艺术特色，是普通老百姓对日常生活、民俗的描述，因此鲁锦有很深的文化底蕴。鲁锦的图案主要采用直线、折线、矩形、正方形为造型元素，用这些元素组成了狗牙纹、斗纹、合斗纹、水纹、枣花纹、猫蹄纹、鹅眼纹、芝麻花纹等8种基本图案纹样。然后用这8种基础纹样和22种不同颜色的线据说组合形成约1990种纹样，当然这个数字还不是十分确切，还有其他说法。鲁锦8种基本图案都有各自的传统寓意。例如，水纹以波浪状折线为造型，表示绵延不绝、长长久久的寓意（图1-17）；狗牙纹是狗牙齿咬后的痕迹形状，代表富贵、旺财（图1-18）；斗纹的"斗"源于民间计量器，常用于吉祥用语，如日进斗金，所以斗纹表示吉祥、有福之意（图1-19）；枣花纹形似鲁西南地区枣树上开的枣花，为祈子吉祥物，取谐音"早"，早晨的"早"，象征早生贵子（图1-20）；六边形造型的鹅眼纹以鹅的眼睛为题材，另外六边形寓意六六大顺（图1-21）；灯笼纹有喜庆、吉祥的寓意，预示日子过得红红火火（图1-22）；猫蹄纹是猫的脚印，因为猫是鲁西南人民家家户户粮食的保护神，而且猫有灵性，寓意老百姓善于捕捉美好的事物（图1-23）；芝麻花纹中的芝麻是鲁西南的主要农作物之一，芝麻开花节节高，这个词喻义鲁西南人民通过芝麻花纹盼望日子越来越红火（图1-24）；合斗纹组成十字、井字图案，体现人们对十全十美生活的渴望（图1-25）。

鲁锦有些图案是从历史事件和神话故事中获取素材的，如"内罗城"图案就是来自民间谚语"内罗城，外罗城，里头坐个老朝廷"，图案的黄色格子象征宫殿的外部，蓝色格子象征宫殿的内部（图1-26）。

婚宴纹"8个盘子8个碗，满天的星星乱挤眼"，取自鲁西南婚俗"娶媳妇，吃大桌"，即8个人一桌，8个盘子8个碗，由合斗纹组成盘碗，蓝白色交织出星星（图1-27）。

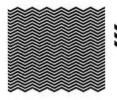

图1-17 ｜ 水纹

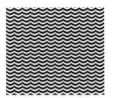

图1-18 ｜ 狗牙纹

图1-19 ｜ 斗纹

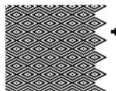

图1-20 ｜ 枣花纹

图1-21 ｜ 鹅眼纹

图1-22 ｜ 灯笼纹

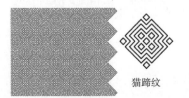

猫蹄纹

图1-23 ｜ 猫蹄纹

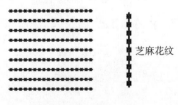

芝麻花纹

图1-24 ｜ 芝麻花纹

合斗纹

图1-25 ｜ 合斗纹

非遗印象——鄄城鲁锦

　　鲁锦是山东的纺织品，是用彩色棉线分经纬织造而成，因其上的几何图案绚丽似锦，故名"鲁锦"，在鲁西南俗称"老土布""粗布"等。鲁锦织造技艺主要分布在山东省济宁、菏泽两市及周边地区，其中尤以鄄城县和济宁市的嘉祥县为代表。鄄城县鲁锦约始于元代，清代濮州（今山东省鄄城县）的鲁锦曾被用作贡品。鄄城县鲁锦用色线交织成各种几何图案，并通过几何图案的平行、重复、连续、间隔、对比等变化形成特有的节奏和韵律，图案精致古雅，色彩绚丽，品种繁多，质地细密，舒适耐用。其独特的手工提花织造工艺和色彩对比强烈的图案，与山东其他地区的手工织布有着明显的区别，具有鲜明的地方特色。在漫长的岁月中，心灵手巧的鄄城农家妇女不断创新、改进鲁锦织造工艺，逐渐形成现代鲁锦融提花、打花、挑花工艺于一体，于浑厚中见艳丽、粗犷中显精细的独特风格。鲁锦过去多用作嫁妆，大大增添了当地婚嫁民俗的喜庆色彩。

图1-26｜内罗城

图1-27｜婚宴纹

　　鲁锦与当地的婚俗有比较密切的关系，鲁西南当地旧的民俗：女子新婚陪嫁的重要物品是鲁锦制成的铺盖及衣物，因此传统鲁锦主要用于被面、床单、褥子及装饰墙面的喜帐等婚嫁床品，现在鲁锦的用途扩展到家居、服装、旅游产品等领域。虽然鲁锦有一定的产业基础，商业开发时间也有20多年，但是如今鲁锦文化生态环境恶化，传统鲁锦纹样面临失传的危机。因要考虑商业利益，商业中采用的绝大多数为简单纹样，很多精美、复杂的纹样逐渐失传，因此如何保护、传承这些复杂鲁锦纹样织造工艺，是我们当前面临及需要解决的主要问题。

二、蜀锦

　　蜀锦是产于蜀郡之地的织锦统称，蜀郡就是今天四川成都地区，蜀锦图案清晰，色彩丰富，花型饱满，工艺精美。蜀锦分为经锦和纬锦两大类，经锦以多重彩色经线形成花纹（图1-28），纬锦以多重彩色纬线形成花纹（图1-29）。

　　蜀锦历史比较久远，始于春秋战国，秦汉时期就已经大量生产，到三国时期诸葛亮更是将其作为国家重要物资来发展，唐宋时期最兴盛，但到了明朝末期的时候开始衰落，直到清代中期的时候才恢复过来。早期蜀锦以多重经线形成几何、花草、龙凤花纹图案（图1-30），汉代蜀锦纹样为飞云流彩，唐代以后品种越来越丰富（图1-31）。唐代蜀锦图案有格子花、纹莲花、龟甲花、联珠、对禽、对兽等，十分丰富

图1-28｜经锦

图1-29｜纬锦

（图1-32）。宋元时期，又发展纬线形成花纹的纬锦，纹样有庆丰年锦、灯笼锦、盘球等（图1-33）。

图1-30│蜀锦早期纹样

图1-31│汉代蜀锦

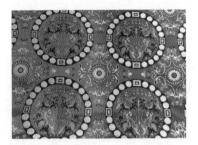

图1-32│唐代蜀锦

图1-33│宋元蜀锦（灯笼锦）

　　蜀锦贵在它的工艺，由多人协作采用花楼织机才能完成织锦过程（图1-34），主要分为练染工艺、纹样制作工艺、织造工艺。其中练染工艺包括练丝和染色两部分，纹样制作工艺包括纹样设计、配色、挑花结本、上机装吊四个过程，织造工艺包括经纬线加工和上机织造两个部分。

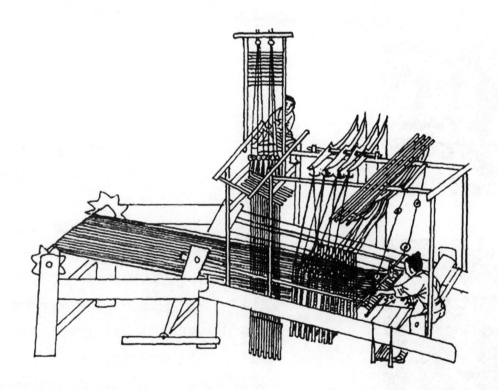

图1-34│花楼织机

　　蜀锦品种丰富，传统品种有雨丝锦、方方锦、铺地锦、散花锦、浣花锦、民族锦、彩晕锦等。

　　雨丝锦属于经锦，特点是锦面用白色和其他色彩的经丝组成，色白相间，出现明亮对比的丝丝雨条的形状，雨条上再装饰各种花纹图案，给人一种轻快、舒适的韵律感（图1-35）。

　　方方锦属于纬锦，顾名思义，方方锦缎纹面上纬线形成方格的花纹，在单一的底色上，用彩色经纬线等距搭配形成不同色彩的方格，方格内部装饰不同色彩的圆形或椭圆形古朴典雅花纹图案（图1-36）。

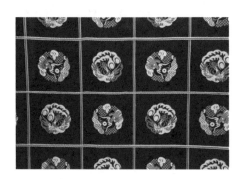

图1-35｜雨丝锦　　　　　图1-36｜方方锦

非遗印象——成都蜀锦织绣博物馆

　　成都蜀锦织绣博物馆（图1-37），也称为蜀江锦院，这里的前身是有着50多年历史的成都蜀锦厂，也是目前国内唯一一家保存有全套蜀锦手工制作工艺的场馆。博物馆分为蜀绣馆和蜀锦馆两部分，此外还有蜀锦织造工厂。这里是一个冷门的景点，很多本地人都不知道，博物馆分为两层，馆内展示的蜀锦、蜀绣精美绝伦，很多是可以购买的；二楼的蜀绣馆还有绣娘现场刺绣，有兴趣的话还可以报名学习。博物馆致力于丝绸、织锦的研究，古蜀锦的保护、复制工作。

图1-37｜成都蜀锦织绣博物馆

三、云锦

云锦（图1-38）有"寸锦寸金""锦中之冠"的说法，在元、明、清三朝为皇家御用品，因此云锦的纹样体现出皇权和封建社会的等级思想。云锦的历史可以追溯到东晋时期，至今已经有1600多年的历史，其中木机妆花织造工艺中的挑花结本、通经断纬、挖花盘织一直采用传统提花木机织造，而且需要靠人的记忆编织，无法用现代机器替代（图1-39）。云锦色泽光丽灿烂，美如天上云霞，因而称为云锦，被列为四大名锦之首。云锦作为中国传统丝制工艺品，浓缩了丝织技艺的精华。南京云锦工艺独特，织造云锦的操作难度和技术要求都很高，织制云锦需由拽花工和织手两人相互配合，用老式的提花木机织造（图1-40）。拽花工坐在织机上层，负责提升经线，织手坐在机下，负责织纬、妆金敷彩，两个人一天只能生产5～6厘米，这种工艺至今仍无法用机器替代，故而有"寸锦寸金"之说。其用料有它独特的地方，采用真正的金线、银线、铜线、鸟兽羽毛作为线料，如皇家御用云锦绣品上的绿色就是由孔雀羽毛织成，非常珍贵。

云锦所使用的色彩非常丰富，具有民族传统特色，主要分为赤橙色系、黄绿色系、青紫色系三个色系。云锦常用的图案格式有：团花、散花、满花、缠枝、串枝、折枝、锦群等（图1-41）。云锦在花纹设计上主要是为了迎合皇室的喜爱和需求，因此图案布局要饱满，色彩质感要华丽，做到"图必有意，意必吉祥"，构成了云锦独特的风格。云锦主要有妆花、织金、库锦和库缎四大品类。

妆花是云锦中织造工艺最为复杂、最华丽的品类，也是云锦最有代表性的提花丝织品种，"妆花"是织造技法的总名词（图1-42）。据说，明代查抄严嵩家抄出大量的珍贵的妆花丝织物，如"妆花缎""妆花绸""妆花罗""妆花纱""妆花绢""妆花锦"等。妆花丝织物有用金线的，也有不用金线的，特点是用色多，色彩变化非常丰富，它的织造方法是用不同颜色纬线对锦面上的花纹做局部断纬挖花盘织，配色十分自由，没有组织结构的限制，所以被称为"妆花"，明清时期的龙袍、御用织物都是妆花品种。在妆花的品种中，"金宝地"织物是中国传统丝织品中特有的品种，它是采用捻金线织满地，然后在金地上织出五彩缤纷的花纹，其成品非常华丽（图1-43）。

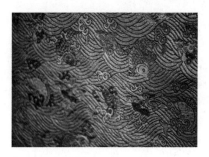

图1-38｜云锦

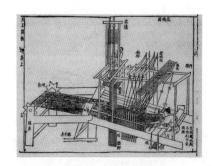

图1-39｜云锦传统提花木机

图1-40｜云锦两人织造配合

图1-41｜云锦图案

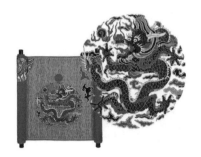

图1-42｜云锦妆花

图1-43｜妆花金宝地

织金又名"库金"（图1-44），因为织成后送入宫廷的"缎匹库"而得此名称。织金的花纹几乎都是金线织出来的，称为库金，还有部分用银线织的，叫库银，统称为织金。明清两代主要由官方办的织局生产，而且用的是真金白银，这些织锦直到现在看还是金光闪闪。织金的纹样上要求花部分要饱满，地部分（底面部分）要求空间少，这样可以把金线露在外面，充分利用其价值。织金因为织造价值高，主要用来镶滚衣边、帽边、裙边和垫边等服饰的局部。

库锦是在缎地上以金线或银线织出各种花纹，库锦有二色金库锦和彩花库锦两种，多数是织小花。二色金库锦仅用金银线织花纹（图1-45），花库锦是除了用金银线以外，还要用两到三个颜色的彩色绒线一起织（图1-46）。库锦很容易和妆花混淆，但这两个品种还是有区别的，主要体现在库锦固定用四五个颜色装饰花纹，而妆花没有颜色限制，而且库锦织造时采用通梭织彩技法，就是每一根纬线交织所有的经线，正面显示花纹的地方，彩色纬线就在正面，没有花纹的部位彩色纬线就在背面，而妆花是局部断纬挖花盘织。

库缎又名花缎、摹本缎，包括地花两色库缎、妆金库缎、起本色花库缎、金银点库缎和妆彩库缎等几个品种。地花两色库缎是采用两种颜色织出的提花，底色和花纹是不同的纬绒织出来（图1-47）；妆金库缎整个花纹都是起亮、暗花，在单位纹样有局部的花纹用金线装饰（图1-48）；起本色花库缎是单色提花，特点是用亮、暗两种外观效果形成花纹（图1-49）；而金银点库缎与妆

图1-44｜云锦织金

图1-45｜二色金库锦

图1-46｜花库锦

金库缎织法相同，只是其局部花纹用金银两种颜色的线（图1-50）；妆彩库缎是在起本色花的库缎和地花两色库缎上用彩绒装饰部分花纹（图1-51）。

图1-47 ｜ 地花两色库缎　　　　　　　　　图1-48 ｜ 妆金库缎

图1-49 ｜ 起本色花库缎图　　　图1-50 ｜ 金银点库缎图　　　图1-51 ｜ 妆彩库缎

非遗印象——南京云锦

　　南京云锦是中国传统的丝制工艺品，有"寸锦寸金"之称，其历史可追溯至417年（东晋义熙十三年）在国都建康（今南京）设立专门管理织锦的官署——锦署，至今已有一千六百年历史。云锦因其色泽光丽灿烂，美如天上云霞而得名。其用料考究，织造精细、图案精美、锦纹绚丽、格调高雅，在继承历代织锦的优秀传统基础上发展而来，又融汇了其他各种丝织工艺的宝贵经验，达到了丝织工艺的巅峰状态，被誉为"锦中之冠"，代表了中国丝织工艺的最高成就，浓缩了中国丝织技艺的精华，是中国丝绸文化的璀璨结晶。在古代丝织物中"锦"是代表最高技术水平的织物，而南京云锦则集历代织锦工艺艺术之大成，列中国四大名锦之首，在元、明、清三朝均为皇家御用品贡品，因其丰富的文化和内涵，被专家称作是中国古代织锦工艺史上最后一座里程碑，公认为"东方瑰宝""中华一绝"，也是中华民族和全世界珍贵的历史文化遗产。

南京云锦木机妆花手工织造技艺作为中国古老的织锦技艺最高水平的代表，于2006年列入首批国家级非物质文化遗产名录。2009年8月《地理标志产品云锦》国家标准在南京通过国家级专家评审，同年9月成功入选联合国《人类非物质文化遗产代表作名录》。2004年成立中国南京云锦博物馆（图1-52），该馆展厅面积约4300平方米，展品包括近千件云锦文物及相关实物：展馆一层是云锦销售及服饰表演大厅；二层北面为云锦大花楼木织机现场操作展示区，南面为古代丝绸文物复制精品和传世云锦匹料珍品展示区；三层为中华织锦村，为中国少数民族织锦机具和实物展示区；四层为意匠设计、挑花结本等云锦传统技艺展演区。

图1-52 | 中国南京云锦博物馆

四、宋锦

宋锦起源于春秋时期的吴国，随着宋高宗南迁，苏州成立锦作院，继承了唐代织锦技艺，形成了独特的新品种——宋锦，明清时期兴盛，主要产地在苏州，因此又可以称为"苏州宋锦"。宋锦的色泽华丽，图案精致，是我国四大名锦之一。但是宋锦在明末失传，清朝初期才恢复，清朝初期的宋锦与之前的宋锦图案风格、组织结构、织造工艺有所区别，所以称为仿宋锦。2009年，宋锦被列入世界非物质文化遗产，2014年APEC会议参会领导人服装主要采用的面料也是宋锦，宋锦逐渐走向全球。

宋锦技艺源于唐代斜纹经锦和纬锦，形成了以3枚经斜纹为地，纬斜纹为花的织锦，风格独特。明末清初宋锦有6枚不规则缎纹出现，而且花纹复杂。

宋锦有较完备的大花楼织机（图1-53）、小花楼织机（图1-54）和花罗织机（图1-55）。宋锦的生产工序很多，一般要经过缫丝、染色到上机织造等二十多道工序，采用经纬线联合显花。在织造工艺上较大的变化，不同于蜀锦的经锦与纬锦。宋锦织机需要上下两个经轴织造，工艺分为综片与打综工艺、引纤工艺、穿综与起综工艺。宋锦的投纬抛道换色工艺是宋锦技艺的特色，巧妙之处在于增加纬线重数但不增加厚度，而且能让织物表面色彩更加丰富，所以这个工艺俗称"活色"，因此宋锦由彩色纬线来显现花纹。

图1-53｜大花楼织机

图1-54｜小花楼织机

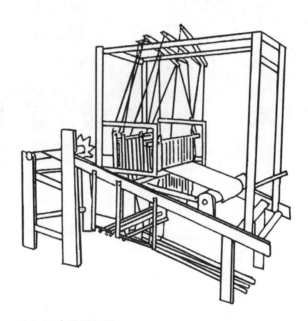

图1-55｜花罗织机

宋锦产品分为重锦、细锦、匣锦、小锦，其中，重锦和细锦合称为大锦。

重锦质地厚重，在宋锦品种中，它的织造工艺最为精湛、复杂，是宋锦中最名贵的品种，以精练染色的蚕丝和捻金线或片金为纬线，在三枚经斜纹地上起各色纬花，重锦有四五十种花样，花色层次丰富、造型多变、绚丽多彩，如宝莲龟背纹锦，重锦主要用于宫殿、堂室的陈设（图1-56）。细锦是宋锦中最常见、最具代表性的一类，细锦所用丝线较细，广泛用于服装和装裱（图1-57）。匣锦在宋锦中属于较为粗犷和亮丽的品种，它的风格与少数民族织锦相似，匣锦的组织结构有二重纬或三重纬组织（图1-58）。小锦是单经单纬织物，经线形成花纹，如彩条锦和水浪锦，又有采用两组经线与一组纬线织成，经纬共同形成花纹（图1-59），如万字锦。

宋锦纹样大多数以几何纹为骨架，内填花卉、瑞草、八宝（古钱、书、画、琴、棋等）、八仙（扇子、宝剑、葫芦、柏枝、笛子、绿枝、荷花等）、八吉祥（扇子、宝剑、葫芦、柏枝、笛子、绿枝、荷花等），构图纤巧秀美，色彩古朴典雅（图1-60）。但由于宋锦的类别不同，纹样形式和题材有不同的特点。挂轴、壁毯、卷轴等供宫廷陈设用，主要是装饰绘画类，内容一般为佛像、经变故事和花鸟画（图1-61）。重锦和细锦功能用途很多，可以用于装裱、幔帐、被面、垫面以及衣料等，根据用途，图案多为花卉、动物、器物、天象、人物、几何纹样等。

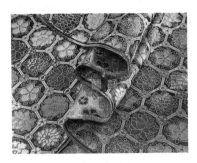

图1-56 | 宝莲龟背纹重锦

图1-57 | 宋锦细锦

图1-58 | 宋锦匣锦

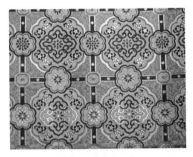

图1-59 | 宋锦小锦

图1-60 | 宋锦纹样

图1-61 | 宋锦壁挂

非遗印象——宋锦

　　宋锦是中国传统的丝制工艺品之一。因其主要产地在苏州，故又称"苏州宋锦"。宋锦色泽华丽，图案精致，质地坚柔，被赋予中国"锦绣之冠"，它与南京云锦、四川蜀锦、广西壮锦一起，被誉为我国的四大名锦。宋锦开始于宋代末年（约公元11世纪），产品分重锦和细锦（此两类又合称大锦）、匣锦、小锦。重锦质地厚重，产品主要用于宫殿、堂室内的陈设。细锦是宋锦中最具代表性的一类，厚薄适中，广泛用于服饰、装裱。1995年，苏州成立了中国丝绸织绣文物复制中心，对传统丝绸的织染工艺和古代织锦进行了深入研究、复制，为宋锦的抢救保护创造了条件。2006年，宋锦被列入第一批国家级非物质文化遗产名录。传承单位为苏州丝绸博物馆，钱小萍为唯一的国家级传承人（图1-62）。钱小萍成功复制东周时期"条形几何纹锦""方孔纱"和"北宋·灵鹫球路纹锦"等珍贵丝绸文物二十余件。钱小萍对宋锦作了理论上的论述和工艺技术的记载，由她主编的《丝绸织染》一书中，宋锦一章由她亲自编写，还编著了《苏州宋锦》专辑一本，详细分析和记载了宋锦工艺技术和结构，以传之后人。2009年中国传统桑蚕丝织技艺入选联合国教科文组织人类非物质文化遗产代表作名录。2014年11月在北京雁栖湖召开的APEC晚宴上，参加会议的领导人们及配偶均身着中国特色服装抵达现场，统一亮相一起拍摄"全家福"。他们穿着的宋锦"新中装"面料，便是产自苏州吴江的鼎盛丝绸。

图1-62 | 钱小萍丝绸文化艺术馆

五、漳绒

漳绒也称"天鹅绒"，因产于福建漳州，故叫漳绒（图1-63）。漳绒是在元代剪绒基础上发展起来的，明清两代尤其兴盛，漳州丝织老人把原来织造漳绸的木机改革，增加提花楼装置，织造漳绒与漳缎，漳绒在清咸丰时期以前一直是漳州的贡品，全国闻名。清朝后期因为太平天国起义，漳州艺人逃亡江浙，从而在江浙地区漳绒、漳缎得到发展。清朝末年，漳州的桑树被砍伐开荒，丝料也越来越少，老艺人逐渐亡故，漳州地区的漳绒因此没落。

漳绒织造过程分为织绒、提花、割绒三部分，织机也分为送绒车、提花车、织绒车三部分。织造的时候最少需要两个人，一人织绒，另一人登上提花车提花，漳绒生产过程复杂细致，每天只能织1米（图1-64）。漳绒用丝线作经线，棉纱作纬线，用丝线起绒圈。织造时用一组圆形钢丝或具有沟槽的扁平金属杆作起绒杆，绒经和地经的排列比为2：1，地纬与起绒杆的织入比为4：1或3：1，即在每织入4纬或3纬后投入一根起绒杆（图1-65）。每嵌织一根起绒杆时，全部绒经或单、双数绒经提起形成绒圈。织物每织10米左右，便从织机上取下放在台板上抽出起绒杆，遂形成耸立平排环圈状的绒圈。毛绒可以按照花纹自己设计。漳绒可用作衣服、帽子和装饰。

图1-63｜漳绒

图1-64｜漳绒织机

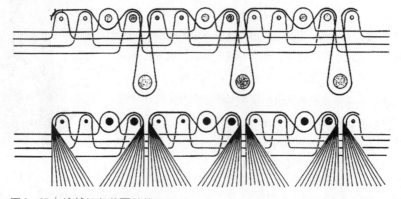

图1-65｜漳绒经向截面结构图

漳缎源于元代的漳绒。而漳绒是在元代"丝绵里"剪绒的基础上发展起来的，因起源于漳州而得名。漳缎始创于明末清初，盛于清代，最早由苏州织造署织造。漳缎因深得清康熙帝的赞赏而兴盛，于是，织造漳缎的机户连年增加，长期产销稳定。清道光年间是漳缎生产的全盛时期，宫廷皇室贵族及文武百官的长袍马褂，大都采用漳缎为主要服饰用绸。至1937年，苏州尚拥有生产漳缎漳绒的织机650台，年产量18万码，从业职工350人。1947年10月18日，在苏州临顿路桐芳巷成立了漳绒工业同业公会。1949年苏州解放时，漳绒作坊有170户。漳缎被确定为优秀产品之一。1956年，协和、殷荣记、平记、裕丰永等十五家漳绒作坊合并，成立公私合营新光漳绒厂。1958年又先后组建了东风丝织厂。宋锦漳缎厂，1959年改名为宋锦织物厂，1978年再改名为苏州织锦厂。1979年10月，为了抢救即将失传的漳绒漳缎丝织工艺，又组建了"苏州漳绒丝织厂"。20世纪80年代后，漳缎业日趋衰落。20世纪90年代初，生产漳缎的苏州织锦厂、新光丝织厂先后关闭。而后，苏州漳缎师傅便赴丹阳、海安等地传授技艺。截至2009年，漳州只有一个街道办的工厂生产漳绒。2008年丹阳市春明漳绒厂申报的天鹅绒漳绒织造技艺已被江苏省列为非物质文化遗产。南京汉唐织锦研究所所长殷志聪、丹阳春明漳绒厂厂长戴春明成为天鹅绒织造技艺代表性传承人。

漳绒纹样构成有两种方法，一种是绒花缎地，叫漳缎，也就是花纹部分是绒（图1-66）；另一种是绒地缎花，叫漳绒，与漳缎相反，花纹部分是缎（图1-67）。

漳绒有花漳绒和素漳绒两种。花漳绒是指将部分绒圈按花纹割断成绒毛，和没有断的线圈构成纹样，故宫博物院收藏的月白地蝠磬如意卍字纹暗花漳绒，蓝色经、纬线织经4枚斜纹固结地，用月白色绒经与假织纬交织成月白色绒圈地和被雕断绒圈的绒毛花。花纹三排一循环，一排为如意云头纹，二排为蝠磬纹，三排为卍字飘带纹。纹饰上下交错排列，寓意"福庆如意""万福如意"。此漳绒构图丰满巧妙，花、地分明，线条流畅，花纹规整，是光绪年间织造的漳绒珍品（图1-68）。素漳绒表面全为绒圈。

图1-66 | 漳缎（绒花缎地）

图1-67 | 漳绒（绒地缎花）

图1-68 | 月白地蝠磬如意卍字纹暗花漳绒

六、缂丝

缂丝属于彩色纬丝显现花纹图案的丝织品，全幅运用通经断纬显花技术织造花纹，由于彩纬充分覆盖于织物上部，织后不会因纬线收缩而影响画面花纹的效果。这是一种经彩纬显现花纹，形成花纹边界，具有犹如雕琢镂刻的效果，是双面立体感的丝织工艺品，富有装饰性和观赏性（图1-69）。

缂丝技艺起源于西亚地区的"缂毛"，缂丝在工艺上继承、发展和融合了缂毛技术，缂丝与缂毛最大的区别在于原料不同，缂毛采用的是羊毛，缂毛技术大约在西汉时期传入今天我国新疆一带。随着我国桑蚕织造技术的成熟，唐代传入中原时，以丝为经纬线，并对工艺、工具加以改进，形成了缂丝技术。缂丝在宋代被称为"刻丝"或者"克丝"，到明代仍沿用"克丝"，而现在的"缂丝"之名是因为清代汪汲在《事务原会》中对"缂"进行的考证。缂丝在宋代达到巅峰，宋元以来，缂丝一直是皇家御用织物，明清时期的缂丝发展，相对于宋朝相对滞后。大约由于缂丝工艺过于繁杂，明代初期曾经有一段时间禁止缂丝生产，到了明万历前后，缂丝工艺才重新兴盛，如万历皇帝定陵出土的衮服、蟒龙衣缎、罩甲

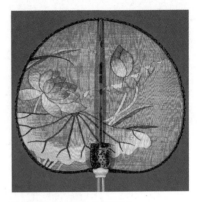

图1-69 | 缂丝（团扇）

等都是缂丝工艺织造，宫廷缂丝工艺在清代乾隆时期发展到了另一个巅峰，诞生了一批精巧工细的缂丝精品。而清中晚期后，随着国力衰弱，缂丝工艺濒临消亡。缂丝成品精致细腻，栩栩如生，自古流传的缂丝精品很少，因此缂丝织品有"一寸缂丝一寸金""织中之圣"的说法。

缂丝工艺特点在于每种色彩的纬线和纹样中经线交织，但并不横贯到底，而是在花纹的末端切断或者往回织到花纹的另一个末端再回织，所以又叫"通经断纬""通经回纬"（图1-70、图1-71）。缂丝主要需要缂丝木织机、移筒、拨子、梭子这几种工具，辅助工具包括撑样杆、撑样板、毛笔、镜子和剪刀，缂丝织机其实就是最简单的平纹织机（图1-72），缂丝用梭子穿纬线（图1-73），梭子里面有一个装纬线用的竹管叫移筒，缂丝用的梭子相比其他织布用梭子要小很多，是为了便于灵活织彩色纬线，拨子用来拨纬纱用（图1-74）。但是缂丝工艺复杂，工艺流程分为落线、牵经、落经、上经、套筘、弯结、捎经面、挑交、打翻头、拉经面、配色、摇线、上样、缂织、修毛、装裱等工序。首先在平纹木机上先装好经线，经线下衬有彩色设计画稿，织工透过经丝，用毛笔将画样的彩色图案描绘在经丝面上，各色纬线用小梭根据花纹分块、分段缂织，每种色彩的纬线都与花纹的各种色彩处的经线交织（图1-75）。缂丝能自由变换色彩，因此特别适合织造书画作品。缂丝织物的结构遵循"细经粗纬""白经彩纬""直经曲纬"等原则（图1-76），也就是本色经细、彩色纬粗、显露彩色纬线而隐藏经线，用纬线挡住经线，彩色纬线充分覆盖在表面，织物完成后的花纹和素底之间、色与色之间有一些密布的小孔，像雕镂的图像。

缂丝是我国特色传统织布工艺，它的高超技艺水平和不朽的艺术价值，充分显示了古代中国劳动人民的勤劳智慧。

图1-70 | 缂丝通经断纬或通经回纬

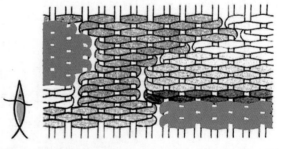

图1-71 | 缂丝工艺效果图

图1-72 | 缂丝织机图

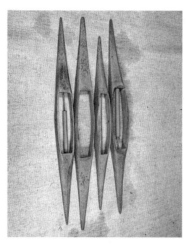

图1-73 | 缂丝用梭子

图1-74 | 缂丝用拨子

非遗印象——苏州缂丝织造技艺

苏州缂丝织造技艺是江苏省苏州市地方传统手工技艺，入选国家级非物质文化遗产名录，是中国古老、独特的传统织造工艺，主要存在于苏州及其周边地区。自南宋以后，苏州缂丝盛名传遍全中国。明清时代，苏州缂丝仍昌盛不衰。2006年5月20日，苏州缂丝织造技艺经国务院批准列入第一批国家级非物质文化遗产名录。2007年6月，王金山入选为第一批国家级非物质文化遗产项目代表性传承人。缂丝织造技艺主要是使用古老的木机及若干竹制的梭子和拨子，经过"通经断纬"，将五彩的蚕丝线缂织成一幅色彩丰富、色阶齐备的织物。这种织物具有图案花纹不分正反面的特色。在图案轮廓、色阶变换等处，织物表面像用小刀划刻过一样，呈现出小空或断痕，"承空观之，如雕镂之象"，因此得名"缂（刻）丝"。缂丝的制作工艺分为嵌经面、画样、织纬和整理等十多道工序。织纬的基本技法，主要有勾、戗、绕、结、掼和长短梭等，另有盘梭、笃门闩、子母经、合花线等多种特种技法，依据不同的画面要求灵活运用，以表现各种不同的艺术效果。其中"结"是单色或二色以上在纹样竖的地方或较凸的纹样上采取一定规律的面积穿经和色方法；"掼"是在一定坡度的纹样中（除单色外）二色以上按之深浅有规律有层次排列，如同叠上去似的和色方法；"勾"是纹样外缘一般用较本色深的线，清晰地勾出外轮廓，如同工笔勾勒作用；"戗"又叫戗色或镶色，是用两种或两种以上（甚或更多）深浅色之调和运用戗头相互伸展起到工笔渲染效果表现纹样质感。

图1-75 | 缂丝工艺

图1-76 | 缂丝结构原则

七、花带

花带是我国部分少数民族很有特色的一种编织工艺（图1-77）。苗族、土家族、侗族、纳西族等少数民族都有织花带的习俗。因少数民族缺乏文字记载，有关花带的历史渊源不是很清楚，相传古时候有一位聪明的苗族姑娘为避免被蛇咬，便将自己编织的花带缠绕在身上，让毒蛇误以为是同类而离开，后来大家纷纷效仿这个方法，苗族花带就这样世代相传下来。这个说法与《汉书》里面记载的"断发文身，以示与龙蛇同类，免其伤害"的说法吻合。从湖南长沙考古发掘出土的战国时期的丝带和现在苗族的花带在工艺上有相似和相同的地方，这也印证了苗族花带的历史非常久远。

花带窄的仅2厘米左右，一般4~5厘米的宽度，有些比较宽的花带能达到30厘米。苗族花带材料有棉线和丝线两种，经纬线交织编成，分素色和彩色两种，少数民族一般用花带来做围裙带、巴裙带、小孩背带、斗笠带，也常作为礼品送人或作为情人之间的信物。每一条花带都是独一无二的，背后都有一种心情或一段故事，因此花带具有文化的功能（图1-78）。花带是少数民族文化的载体，少数民族没有文字只有语言，很多故事就用花带来继承。花带是少数民族社会生活的延伸，花带上的图案纹样是来源于少数民族日常生活中常见的动物、植物、器物或者生活叙事等，同时花带可以在日常生活中广泛用到。花带是一种少数民族爱情婚姻的标识，如花带对于苗族人来说就是定情信物，在苗寨，如果哪位姑娘有了中意的男子，就会以花带相送。但随着现代皮腰带的普遍使用，少数民族花带的传承已经日益衰落。

图1-77 │ 花带

图1-78 │ 苗族花带

织花带只需要一个木绷支架和打线板，木绷支架像常用的可以折叠的马夹式凳子，"X"形可收缩（图1-79），打线板长15~25厘米，一般用银、铜、竹等制作（图1-80）。学会容易，但是编织、设计纹样很难，需要长时间练习。不同图案编织的工序从十多个步骤到上百个步骤不等，花带的编织工艺过程为牵经线、做耳做综、上架、织边、提综、捡花、喂纬线、挑花等步骤。

苗族花带在湘西民间叫"打花"，它的造型纹样分为几何纹样、动物纹样、植物纹样及其他题材，如抽象变形自然界的动植物原型（图1-81）。其中几何纹样有锯齿纹、水波纹、回纹、井字纹等；动物纹样来源于生活实践，其中使用频率最高的动物纹样为蝴蝶纹样，因为蝴蝶是苗族的图腾，是苗族人民所崇拜的"蝴蝶妈妈"，另外龙、狗、凤尾鸟的纹样也常见；苗族花带的植物纹样比较丰富，在花带上，植物纹样与动物纹样一般是组合起来使用，一动一静，相互辉映，如菊花、荷花、石榴、梨花、犬齿花等，不同的植物有不同的寓意；除了动植物及几何纹样，文字和器物也在花带的纹样中经常被用到，如福、寿、喜字，花瓶、瓮、壶和植物同形共生。

图1-79 │ 木棚支架

图1-80 │ 打线板

图1-81 │ 苗族花带纹样

非遗印象——浦江花带

2006年，花带被列入浦江县级非物质文化遗产代表作名录。花带按带幅的阔狭度分为阔、中、狭三种。6厘米左右的称为阔带，1厘米以下的称为狭带，3厘米左右的称为中带。纤袴带、裤带等本属中带，但浦江在传统习惯上只有阔狭之分，没有中带之名。织带的原料采用由棉纱合成的棉线。织宽带四纱合一，织纤袴带和狭带三纱合一。浦江昔时不管干什么活，不论男女，不论农民还是手艺人都围着纤袴当工作服。而男女所围的纤袴形状不同，男人围由两片组成的短纤袴，女人围单片的长纤袴。做手艺的男人也围长纤袴，纤袴装纤袴带，以表工种特殊。穿裤缚裤带，小孩子鞋上装鞋带，穿袜用袜带，帽上装帽带。不论冬夏孩子贴身肚兜，成年男人作睡衣的肚兜，都装两条肚兜带。可以说人们穿戴的服饰上都少不了带。妇女用阔带背上孩子，既便于操理家务，又能让小孩子感到舒服，母子贴身紧稳有安全感。女儿出嫁娘家陪送的嫁妆中必须有"几铺几盖"，即几床被子、几床褥子，用阔带拦缚嫁妆既防止滑落，又可以展示新娘子的技艺，接受众人的评价夸赞。花带还用于新娘送给夫家的长辈或参加婚礼喝喜酒的亲朋好友作为回礼，以表谢意。织带工具主要是绕经线用的播车架，安置播成的经线机架，穿经线用的带箱，织纬线用的带梭（图1-82）。它们与织布的箱、梭相比，形状构造大不相同，用法也有很大差别。带箱是件竹制品薄片，其由方体竹框和竹柱组成一个长方形框，框内排列着竖立均匀的方体篾条栅子叫箱子，箱子中钻一小孔以穿经线。箱子相间之眼也穿经线。提压带箱可形成一个口两层线。织带工艺包括：计算经线条数、穿箱、打捆、绕纬线、织带、打纬。

图1-82 | 浦江织带工具

苗族花带的颜色多用红、黑、白、黄、蓝五色，这些颜色的使用据说与苗族的盘瓠文化有关，相传盘瓠为五色神犬，红色是太阳的象征，天玄地黄为天地正色，因此黑、黄色是天地的象征，蓝色是天空、河流等自然的象征，白色象征光明与吉祥。其实这些颜色的使用应该与当时的染色技术有关，因为这些颜色是通过天然植物或矿石能够获取的。苗族花带大多采用对比度很高的两种颜色，形成强大的视觉张力。花带颜色的明度、冷暖对比也很强烈。二方连续是花带中常见的一种结构形式，单一图形经过重复排列形成统一的组织，产生整体和谐的美感。

第二节 编结

一、编结概述

编结就是用线、绳编织出各种花样的网袋或饰物，古代俗称"绦子"或"络子"，它与编织不同点在打结。编结中最为古老的手工技艺为草编（图1-83）、柳编，它是用植物的茎、枝、叶、皮等天然材料，经手工拧、缠、勾、编、钉、缝等十几道工序精工制作而成。我国古代的编结技艺记载不多，古代竹、柳、草、棕、藤编艺术可以追溯到六七千年以前的新石器时代，仰韶文化考古出土的陶器底部编结印痕很多，通过印痕可以看到斜纹、缠结、绞结、棋盘格、间格数种。新石器时代遗址出土竹编物品有竹席、竹篓、竹篮、竹箩、簸箕等，与现在南方一些地方竹编方法基本一致。战国秦汉时期，编结工艺已经达到很高的水平。据《后汉书》记载，中国汉代出现以五彩毛线编结而成的穗子，称为流苏，用作车马装饰。19世纪中叶，欧洲的花边编结工艺传入中国，在沿海口岸地区传播。

二、绳编

1.中国结概述

中国结又叫盘长结，是中华民族流行千载的手工编织艺术品（图1-84）。据史料记载："上古结绳而治，后世圣人易之以书契。"经过几千年时间，绳早已不是记事的工具，而是从实用绳结演变成为艺术品，作为一种装饰艺术始于唐宋时代，到了明清时期，人们开始给结命名，为它赋予更加丰富的内涵，每一个结都有人们赋予的丰富寓意。例如，方胜结表示方胜平安，如意结代表吉祥如意，双鱼结是吉庆有余，结艺达到鼎盛。如今中国结在传统节日、民俗活动中作为装饰品被普遍使用。

每一个结都是用一根或多根绳完成，一般是上下、左右对称的，通过绾、结、穿、绕、缠、编、抽等多种工艺技法循环有序地进行编结。结工艺需要用的工具有绳子、镊子、固定板、珠针、剪刀、胶枪等，其中绳子有尼龙、丝、皮革或其他不易断的材料。编织工艺流程为编、抽、修。

图1-83 | 草编

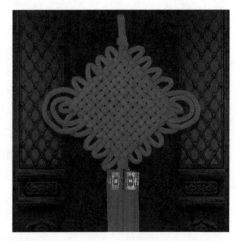

图1-84 | 中国结

中国结应用很广泛，古代常用于腰带、佩玉、帐钩、扇子、灯笼和剑柄上，现在随着潮流发展，多用于项链、发夹、胸针、摆饰或皮包上，尤其是挂在墙上的大型装饰结，更受欢迎。

中国结可以分为基本结和服饰结。其中基本结有双联结、双钱结、万字结、十字结、平结、系物结、纽扣结、祥云结、酢浆草结、双环结、琵琶结、吉祥结、团锦结、藻井结、流苏、梅花结、玉结、盘长结、攀缘结、三环结、环扣结、八字结、同心结、草花结、蛇结、秘鲁结、龟背结、云雀结、十全结、绣球结、如意结、龙形结、寿字结、盘长结、双喜结、戟结、磬结、方胜结、蜻蜓结、蝴蝶结、鹤结、鳄鱼结、凤凰结、二回盘长结、三回盘长结、复翼磬结、复翼盘长结、倒复翼磬结、双线纽扣结、单线纽扣结等。服饰结主要用于发饰、颈饰、耳环、手环、饰链。

2.中国结工艺

（1）平结。平结也称方结，是一种最古老、最平凡、最实用的结索，"平"有高低相等、不相上下之意，同时又有征服、稳定的含义，如平定、平抑。平结给人的感觉是四平八稳（图1-85）。含有平字的吉祥语很多，如延寿平安、平福双寿、富贵平安、平步青云等。平结是中国结中最基本的结之一，平结的用途很广，除了可用来连接粗细相同的绳索外，也可以连续数十个平结编成手镯、项链、门帘，可编项链、挂饰等，或编结成动物图案，如蜻蜓的身体部分。平结因其美观小巧、结构简单、容易学、变化丰富，常用以编结茶壶、立体玩偶上的装饰以及手链或提带，也常缠附于环形物体上，或搭配其他基本结，以构成大型装饰结。

图1-85 | 平结

平结分为单向平结和双向平结，图1-86是双向平结的编法步骤图：

第一步，两根线分别对折，成十字交叉叠放。

第二步，a挑b，压垂线，穿过圈①。

第三步，拉紧a和b。

第四步，b向左挑垂线，绕出圈，a挑b，向右压垂线，从圈②向下穿出，拉紧a和b。

第五步，b向右挑垂线，绕出圈，a挑b，向左压垂线，从圈③向下穿出，拉紧a和b。

第六步，仿照第四步和第五步可编出连续的双向平结。

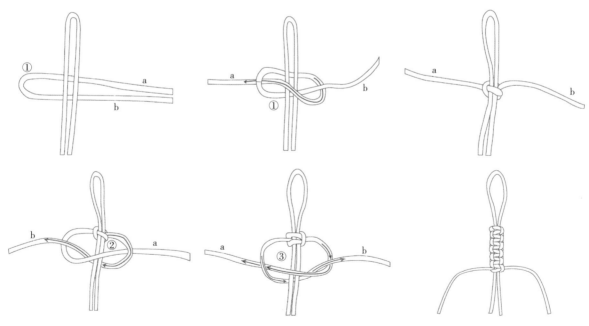

图1-86 | 平结编法

（2）同心结。同心结是一种古老而寓意深长的花结。由于两结相连的特点，常被作为爱情的象征，取"永结同心"之意。古时候在婚礼仪式的程序中，同心结是必不可少的（图1-87）。除了用在婚礼仪式上，同心结在当时人们的日常生活中更多地被看到，用来表达对白头偕老、永结同心的向往和追求。

同时还常被用来作为传送情意的信物。

图1-87 | 同心结

同心结的编法步骤如图1-88所示：

第一步，准备两根线，将右边一条线按顺时针方向绕一个圈①。

第二步，用左边线下端从下往上穿过圈①，并从左边线上端下面向左穿过逆时针绕一个圈②，再从圈②往下穿过。

第三步，从上下两端拉紧线，就形成了同心结了，重复上面的两个步骤就可以连续地编出同心结。

 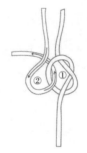 

图1-88 | 同心结编法

（3）吉祥结。吉祥结为十字结之延伸，是一个古老而又被视为吉祥的结式，在中国是代表吉祥、富贵、平安的意思，因此得名"吉祥结"。吉祥结的耳翼恰好为七个，所以又称为"七圈结"（图1-89）。经常出现在僧人的服装及庙堂的饰物上。吉祥结可演变成多花瓣的吉祥花，非常美观。在结饰的组合中，如加上吉祥结，寓意为吉祥如意、吉祥平安、吉祥康泰，是中国结中比较受欢迎的一种结饰。编法简易，结型美观，而且变化万千，应用很广。单独使用时，如果悬挂重物，结的形状容易变形，需要加定型胶固定。

图1-89 | 吉祥结

吉祥结的编法如图1-90所示：

第一步，做出圈①、圈②、圈③。

第二步，尾线向上绕出圈④，压住圈③。

第三步，圈③压住尾线和圈②。

第四步，圈②压住圈③和圈①。

第五步，圈①压住圈②然后穿过圈④。

第六步，分别拉紧圈①、圈②、圈③。

第七步，调整好圈①、圈②、圈③。

第八步，圈①压住尾线，然后纬线向上压住圈①和圈③，圈③向左压住尾线和圈②，圈②向下压住圈③，穿过圈④。

第九步，调整，拉紧圈①、圈②、圈③，根据线的走向把小线圈拉出来。

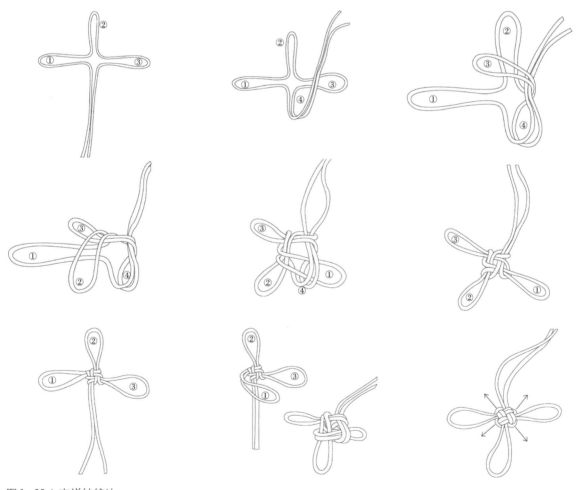

图1-90 | 吉祥结编法

（4）团锦结。在中国人的心目中，"圆"是吉祥和谐的寓意，如"团圆"。团锦结的耳翼呈花瓣状，又称"花瓣结"。团锦结的形状饱满，变化万千，形状像花，结体虽然比较小但很漂亮，而且不容易松散（图1-91）。团锦结的造型美观，自然流露出花团锦簇的喜气，如果在结心镶上宝石之类的饰物，更显华贵，是一个喜气洋洋、吉庆祥瑞的结饰。团锦结的花瓣可以有五瓣、十瓣等数目的变化。

图1-91 | 团锦结

下面以5个花瓣的团锦结为例介绍团锦结的编织方法（图1-92）：

第一步，将线对折。

第二步，左边尾线形成花瓣1，并第一次对折向右穿过圈①。

第三步，左边尾线形成花瓣2，第二次对折向右穿过圈①和圈②。

第四步，左边尾线形成花瓣3，第三次对折穿过圈②和圈③。

第五步，左边尾线形成花瓣4，穿过圈③和圈④然后从下面绕过圈①尾部返回再次穿过圈④和圈③。

第六步，左边尾线形成花瓣5，穿过圈④和圈⑤，然后从圈①圈②尾部下面绕过返回并压住圈②和圈①，返回再次穿过圈⑤和圈④；拉紧并调整圈①、圈②、圈③、圈④、圈⑤。

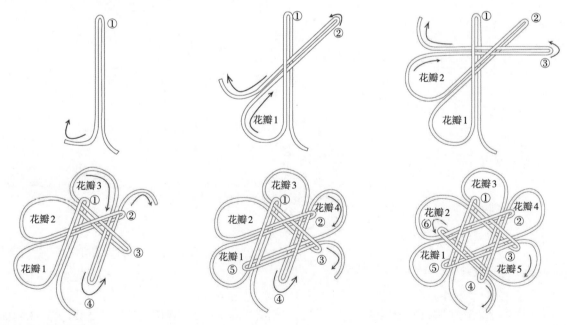

图1-92 | 团锦结编法

非遗印象——科尔沁绳结技艺

科尔沁绳结技艺是通辽市科尔沁区一项传统民间技艺。它是从中国古老的绳结技艺发展而来，逐渐形成了自己的特色和体系，产生了蒙古族马鞭、蒙古族捕梦网等代表作品。作品主要来源于游牧民族生活中的日常实用绳结，如马龙套、马鞭、固定蒙古包的绑绳、蒙古族服的扣子等。2018年结绳技艺确定为盟市级非物质文化遗产项目。科尔沁绳编技艺传承人经过多年的研习和挖掘，创造了很多经典作品，使这门古老的技艺焕发出新的光彩。科尔沁草原上得天独厚的自然资源，为绳结技艺提供了充足的原料。有编织草绳、皮绳、驼毛绳、马鬃绳、牛毛绳、麻绳等，种类繁多，形式千奇百样（图1-93）。有了自己独特的绳编技术，用一根皮绳也能从头到尾编织成一个满意的作品。由于生活在草原上，科尔沁绳编传承人更喜欢用马鬃绳编结，编织出来的作品既美观又有民族特色。绳结技艺按照基本结、变化结、组合结可分为三大类，每一类又衍生出几十种结法。绳结基础步骤主要分为编、抽、修三道程序。科尔沁绳编设计精巧，尤其擅长表现游牧民族生活之美，具有地域民族风情韵味，绳结造型多为上下一致、左右对称、正反相同、首尾衔接。一根彩绳通过绾、结、穿、缠、绕、编、抽等多种工艺技巧，按照章法循环有致、连绵不断编织而成。

图1-93 | 科尔沁绳结技艺

三、线编

棒槌花边原本是欧洲中世纪传统手工花边技艺（图1-94），它是利用棉线、麻线等材料，运用编结、连缀、雕修和挑补花等技法，形成透空的装饰花纹。花边技艺19世纪中后期由传教士传入我国沿海口岸及附近乡村，到1912年已经有比较大的发展。山东是花边的最早传入地区之一，其中栖霞棒槌花边品种最为常用，烟台所属的栖霞、牟平、福山等地区成为棒槌花边的主产地。20世纪80年代花边编织成为山东工艺美术的一个重要行业。20世纪90年代因为出口贸易下滑等原因导致棒槌花边生产逐渐衰落。现在仅有几百个人从事棒槌花边编结。目前年轻人学习棒槌花边技艺的数量更是极少，传统的言传身教的传承方法出现第二代传承艺人有技艺但语言表达不行，第三代传承艺人沟通没问题但技艺又有限，而且关于棒槌花边技艺记载的文献资料也很少，所以第四代传承艺人面临难以为继的困境。

棒槌花边制作材料主要是棉线，还有丝线和麻线。制作工具主要包括花边撑子（支架）、花边棒槌、花边样子、花边箅子、板子布、接箅、板子包袱（防脏的棉布）、钩针、剪刀、大头针等。

图1-94 | 棒槌花边

棒槌花边的生产流程包括设计图样、制订模板、模板刷样、艺人编织、镶样拼接、加工处理、验货等步骤。设计图样就是按照客户或者图案要求设计出图样及确定工种要求，技工则根据设计好的图样进行规整，制作编结模板。把制订的模板油印在纸板上复印，这样可以保持所有规格一致，并且以此作为编结工序的依据。这个完成后，棒槌花边就可以开始编结了，编结的步骤是：花边艺人将花边图纸放在圆盘形草垫上，将金属别针扎在图案的各个部位，用来固定编结的位置和方向，在长约10厘米、直径10毫米的花边棒槌上缠上棉线，将线头拉出来并固定在图纸的一定部位，至于需要的棒槌数量根据图案和花边的大小来确定，10～100个不等，然后花边艺人手拿棒槌，根据图案形状，以别针为支点，运用辫、绞、钩、拉等不同的技法，按照花边图纸上事先设计好的图案编结，常用平织、隔织、密龙、介花、方结、稀布、密布、双稀、关针、灯笼扣、苇笠花、六对抄等编织技法形成图案。艺人完成的棒槌花边一般是小样或者大图分割的部分图，然后需要把这些花边分片加工后再缝在一起，形成一个完整的作品。完成的作品还要熨烫平整，最后在产品售卖之前需要进行检验出货（图1-95）。

棒槌花边一般是出口到欧洲市场，主要用于餐桌的罩布、盘垫、靠背、靠垫以及床盖、被套、琴罩等日常生活用品，也有用于服装的衣领装饰、睡衣、衬衫的镶拼。棒槌花边作为民间技艺，最突出的一个作用是体现生活的装饰美，栖霞棒槌花边尤其以精巧细致突出，而且大多数为小件制品，所以做工更加精致细腻，花样更多（图1-96）。除了工艺美以外，现在的栖霞棒槌花边在色彩上也发生了变化，早期花边一般是本白色，现在的花边也有中国红、金黄色、渐变色等，花边的实用性已经不是第一需求，而是向装饰画、艺术性商品过渡（图1-97）。

棒槌花边作为一个外来的传统服饰编结工艺，从引入至今，融入了能工巧匠的智慧，在我国得到了发展。

图1-95｜棒槌花边工艺

图1-96｜栖霞棒槌花边

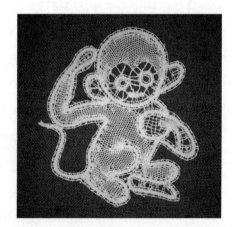

图1-97｜棒槌花边艺术品

非遗印象——萧山花边制作技艺

　　萧山花边制作技艺已收录到国家级非物质文化遗产名录。萧山花边已有100多年的历史，它不仅是作为非遗技艺所保留下来的艺术珍品，更是萧山民间文化、风土人情的最好见证。萧山花边又称万缕丝，起源于意大利威尼斯，于20世纪20年代初由上海商人徐方卿传入萧山，渐成规模。以手绣为代表的萧山花边由此成为萧山一大传统产业，名扬海内外。萧山因此获得"中国花边之乡"之称。20世纪80年代，手工挑制花边，在萧山盛极一时，挑花大军达20万之众。萧山花边是直接用线编结挑绣花边，以设计精巧、构图精致、工针多样、精致美观著称，制作一般分设计、刷配、挑绣、整烫四道工序，有20余个环节30多种针法。萧山花边的种类，主要有万缕丝（纯棉线制品）、镶边（万缕丝和织物绣花相结合）及机手结合花边三大类。品种涵盖床罩、台毯、盘垫、披肩、衣裙等100多个品种。最名贵的是重工万缕丝（图1-98），绣工们精工细作，有露有藏，层次分明，富丽大方。

图1-98｜萧山重工万缕丝

思考题

1.查阅资料，了解我国的织锦种类各自的特点。

2.试述我国织造工艺的发展过程，思考一下为什么不同地区的织造工艺有明显的差别。

3.总结传统蜀锦品种的工艺、纹样特点，比较一下这些品种的区别。

第二章

印染

课时导引： 2课时

教学目的： 了解传统印染工艺的历史演变、发展趋势及市场现状，以及传统印染工艺的种类、加工方法及艺术特征，体验印染图案千变万化的美感，感受我国传统印染工艺的独特艺术魅力和现代设计之间的关系。

教学重点： 中国四大防染印花工艺的艺术特点、工艺流程及制作方法。

自主学习： 各类印染工艺的主要代表性区域，不同区域的工艺方法及艺术风格的异同。

第一节　印染概述

一、印染工艺的概念及分类

印染又称为染整，是纺织品的一种加工方式，分为坯布准备及前处理、染色、印花、后整理四个工艺流程阶段。

中国古代将染色和印布等工艺技术和相关产品统称为染缬。从古代文献记载和考古研究中可以了解到，中华民族有着多种精湛的染色及印花技术，包括直接印花和防染印花两大类。直接印花主要有手绘敷彩、凸版印花、镂版漏印、拔染印花和特殊印花五种，防染印花主要有绞缬、蜡缬、夹缬和灰缬四种，这四种防染印花俗称"四缬"，是古代染织科技的重要代表。

二、印染工艺的历史演变

印染工艺在我国有着悠久的历史传统，是中国古代纺织文化的重要组成部分。

1.石器时代

我国染色技术的萌芽可以追溯到山顶洞人时期。我们的祖先用赤铁矿粉末，把穿结用的线染成红色，再把贝壳、骨头、砾石等串起来做成装饰品。到了距今五六千年前的仰韶文化时期，居住在黄河流域的部落，已经能够把织造的各种麻布涂染成鲜艳的朱红色。居住在青海柴达木盆地的原始部落，能把线染成黄、红、褐、蓝等色，织出带有色彩条纹的毛布。

2.商周时期

商周时期，染色技术大有提升，染色原料除了用矿物质颜料丹砂等，已经广泛使用植物染料，而且一种染草就能够染出多种深浅不同的层次，还能用不同颜色染料套的方法，染出间色和复色。当时织造技术尚不发达，不具备织造复杂花纹织物的技术。画绘是商周时期普遍采用的一种着色方法，是采用画的方式，将调匀的颜料或染料液涂绘在织物上，形成图案花纹，并以不同的画绘花纹来代表社会地位尊卑，从天子到各级官吏，按地位尊卑、官职高低分别采用不同花纹，汉代皇帝冕服的十二章纹样，上衣绘日、月、星辰、山、龙、华虫六章纹，下裳绣藻、火、粉米、宗彝、黼、黻六章纹。

3.汉晋时期

汉代，染色技术达到了相当高的水平，织造技术也有了突破性进步，已具备织造各种复杂花纹的技能。中国西汉时期凸版印制的金银印花纱、印花敷彩纱（图2-1），是中国印染史上目前所知道的最早的实物。学术界认为，凸版印花结合手绘是西汉时期纺织印花的一个显著特征，同时也是中国纺织印花的最初形态。

图2-1 | 西汉印花敷彩纱

蜡缬和绞缬、贴金印花等技术汉晋年间在中国出现，镂空版印花工艺也初见端倪。

4. 唐代

唐代的印染业相当发达，缬的数量、质量都有所提高。盛唐时期，发展出了装饰用蜡缬，绞缬也大量流行，"鱼子缬""醉眼缬""团富缀""鹿胎缬"等图案非常普及，多彩夹缬也应运而生。现珍藏于日本正仓院的唐代花树鸳鸯纹夹缬几褥（图2-2），色彩绚烂，图案精美，夹缬工艺特色体现得淋漓尽致。由于缬板夹紧时染液无法接触坯布，因此不同颜色分区鲜明，均为白边相隔。多彩夹缬通过木质镂空版夹持织物直接防染，在镂空处注色，染成多彩效果，改变了印花色彩单一的不足。

图2-2　唐代花树鸳鸯纹夹缬几褥
（日本正仓院藏）

5. 宋元时期

宋代，我国的印染技术已经比较全面，色谱也较齐备。印染分为官染和民染，设有专门负责印染的官染院，规模宏大；民染虽一般规模不大，但几乎遍及全国各地。宋元时期，多彩夹缬、绞缬的发展受到了制约，甚至遭禁令或减产，灰缬工艺在宋元时期的发展也主要表现在蓝白棉布印花方面。明清时期之前，纺织印花只是为少部分贵族所用。

6. 明清时期

明清时期棉织物有了飞跃发展，染料品种极为丰富，多达数百种。明代始创的"拔染法"是印染技术的一大转折，改变了传统单一的防染技术，使生产效率成倍提高。明清时期以蓝白印花布为主流，其产品成本低廉，质朴实用，雅俗共赏，因此遍及民间。

至1834年法国的佩罗印花机发明以前，中国一直拥有着当时世界上最发达的手工印染技术。

三、古代染色的染料

中国古代染色用的染料，大都以天然矿物或植物染料为主。我国古代使用的主要矿物颜料有丹砂、粉锡、铅丹、大青、空青、赭石等，助染料有白矾、黄矾、绿矾、皂矾、绛矾、冬灰、石灰等，已经有几千年的历史。我国植物染料的发现和使用，是和化学及医学发展紧密联系的，很多染草和助染料，同时也是重要的药材。

1. 青色

青色，主要是用从蓝草中提取靛蓝染成的，在自然界中，可提取靛蓝的植物有很多，如木蓝、野百合、蓼蓝、马蓝、路边青、菘蓝等（图2-3），它们统称蓝草。蓝草是染青色的重要原料，用蓝草制造蓝靛，是染色手工业非常重要的生产内容，蓝靛在染色手工业中用量是最大的。

图2-3 | 可提取靛蓝的蓼蓝、马蓝、菘蓝

2.赤色

赤色，中国染赤色最初是用赤铁矿粉末，后来有用朱砂，但它们染色牢度较差。周代开始使用茜草，自从汉代张骞从西域带回红花的种子后，茜草的使用就大大减少了（图2-4）。

图2-4 | 可染制红色的茜草、红花

3.黄色

黄色，早期主要用栀子。栀子的果实中含有藏花酸的黄色素，是一种直接染料，染成的黄色微泛红光。南北朝以后，黄色染料又有地黄、槐树花、黄檗、姜黄、柘黄等（图2-5）。用柘黄染出的织物在月光下呈泛红光的赭黄色，在烛光下呈现赭红色，其色彩很炫目，所以自隋代以来便成为皇帝的服色。

图2-5 | 可染制黄色的栀子、黄檗、姜黄

4. 白色

白色，可以用天然矿物绢云母涂染，但主要是通过漂白的方法取得。此前，还有用硫黄熏蒸漂白的方法。

5. 黑色

古代染黑色的植物主要有栎实、橡实、五倍子、柿叶、冬青叶、栗壳、莲子壳、鼠尾叶、乌桕叶等（图2-6）。中国自周朝开始采用，直至近代，才被硫化黑等染料所代替。掌握了染原色的方法后，再经过套染就可以得到不同的间色。

图2-6 | 可染制黑色的橡实、五倍子、乌桕叶

随着人类工业化的进展，在现代印染技术的冲击下，传统手工印染因其生产方式的落后，处于衰落状态，呈现出风光不再的局面。但是由于传统印染工艺散发出劳动者的纯朴之美，其难以抵抗的魅力，在工业技术越来越发达的今天，又有了新的转机，再度受到人们的青睐，这与传统手工印染独具的审美特色和手工操作中所具有的绿色环保特性是分不开的，它融合了手工艺个人和集体的智慧。

第二节　蜡缬

一、蜡缬的概念

蜡缬就是通常所说的蜡染。缬，在古代汉语里专门指在丝织品等布料上印染出图案花样。蜡，是对蜡染工艺的描述。蜡染，实际上是使用蜡作为防染剂的一种印花工艺。它与绞缬、夹缬、灰缬合称为我国传统的四大防染工艺。

二、蜡缬的历史发展及地域分布

蜡染工艺是中国古老的防染工艺之一，历史悠久，起源于我国西南地区的少数民族，秦汉时期才逐渐开始在中原地区流行。隋唐时期蜡染技术发展非常快，不仅可以染丝绸织物，也可以染布匹。颜色方面除了单色散点小花外，还有不少五彩的大花。到宋代时，蜡染因其只适于常温染色，且色谱有一定的局限，逐渐被其他印花工艺取代。但蜡染制品在我国西南地区的苗族、瑶族、布依族等少数民族聚居区，一直流行不衰。多被用来制作服装、壁挂、台布等。

目前，中国蜡染主要在少数民族中流传与使用，如苗族、布依族、瑶族、水族、彝族、土族、白族等。从风格来看，中国蜡染的风格可分为不同的类型特征，如丹寨型、重安江型，织金型、榕江型、川南型、海南型、文山型等。不同地域和不同民族，相同民族和不同地域，他们的蜡染在用途、工艺、图案和风格上都各不相同。

三、艺术特征

蜡染有着独特的艺术魅力，除了具有不可重复的特性外，还在于用于防染的蜡冷却后会在织物上产生龟裂，色料从而渗入裂缝，得到变化多样的色纹，俗称"冰纹"。同一图案设计，做成蜡染后会得到不同的"冰纹"，这是现代的机器印染所代替不了的。蜡染变化无穷、形态万千的冰裂纹，是它最重要的工艺特点，被称为蜡染的灵魂。

蜡染的基本原理是在需要白色花型的地方涂抹蜡液，然后去染色，将没有涂蜡的地方染成蓝色，有蜡的地方因为没有上色而呈现白色，行话叫"留白"。

四、材料与工具

1.材料

蜡染所需要的原料主要有布料、蜡料、松香和染料等。棉、麻、丝、毛等织物都可以用来进行蜡染，最常用的布料是棉白布和麻白布；蜡料可以是石蜡、蜂蜡、木蜡、白蜡、蜡烛等，根据需要可以单独或者混合使用；在蜡料中加入少量松香可以使蜡液冷却后变得松脆，更容易产生冰纹；染料的选择需要根据纤维性能、加工工艺等确定。在古代的印染工艺中，靛蓝是应用最广泛和最重要的一种植物染料，也是蜡染首选的染料。由于手工染色的局限性，蜡染制作需要选择冷染型的染料，麻棉类织物可选用直接染料、活性染料等，丝绸、羊毛类可选用酸性染料、活性染料。

2.工具

蜡染制作工具主要包括蜡刀、加热器、熔蜡锅、染缸、熨斗等（图2-7）。蜡刀是制作蜡染时绘制蜡花所用的工具，用来蘸取防染剂——蜡，在织物上进行描绘图案，蜡需要用加热器加温到120摄氏度左右，充分熔化后再用来绘制图案，铜制的蜡刀便于保温。蜡刀是用两片或多片形状相同的薄铜片组成，一端固定在木柄上，刀口微开而中间略空，以方便蘸蓄蜡液（图2-8）。根据绘画各种线条的需要，有不同规格大小的蜡刀，形状一般有半圆形、三角形、斧形等。

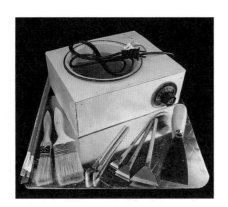
图2-7 | 蜡染工具

图2-8 | 蜡刀

五、工艺流程

手工蜡染工艺一般包括描绘图案、画蜡、染色、洗蜡等工艺流程。

1.描绘图案

首先是画蜡前的处理，在布料上绘制出图案底稿。作为初学者，可以先用铅笔画出来，实际上老艺人都是用指甲或手工折叠布料确定图案位置（图2-9）。

2.画蜡

然后将蜡切成小碎块，放入熔蜡锅进行熔蜡，待蜡熔化后就可以画蜡了（图2-10）。画蜡是蜡染制作中最为重要的一个环节。画蜡时把蜡刀放入熔蜡锅，待蜡刀温度与蜡温接近，蜡刀蘸蜡后根据图案进行描绘。画蜡不仅需要精湛的手艺，更需要丰富的想象力。最终留在布面上的图纹，就取决于手里的铜刀在布面上留下的熔化的蜡迹。可以通过涂蜡遍数的不同调节染色效果，表现不同的层次和空间立体效果。

图2-9 | 确定图案位置

图2-10 | 画蜡

3.染色

画蜡完成后就可以用浸染的方法染色了（图2-11）。浸染的方法是把画好的蜡片放在蓝靛染缸里，一般一件需浸染五六天。第一次浸泡后取出晾干，得到浅蓝色，再放入浸泡数次，便得到深蓝色。如果需要在同一织物上出现深浅两色的图案，便在第一次浸泡后，在浅蓝色上再点绘蜡花浸染，染成以后即现出深浅两种花纹。当蜡片放进染缸浸染时，有些"蜡封"因折叠而开裂，于是便产生了天然的裂纹，产生了蜡染特有的"冰纹"。这种"冰纹"往往会使蜡染图案更加层次丰富，具有自然别致的风味。冰裂的大小和走向可以由人工掌握，恰到好处地表现描绘对象，使其特点鲜明。

图2-11 | 染色

4.洗蜡

最后一个步骤是洗蜡，用清水煮沸，煮去蜡质，经过漂洗后，有蜡的地方防止了染液的浸入而未上色，呈现出白色，布上就显现出蓝白相间的花纹来。

当代艺术理念的改变，淡化了各门艺术之间界限，同时推动了现代蜡染艺术的发展，使得蜡染工艺艺术与其他艺术相互交融。现代蜡染在保存着传统蜡染独特意境的同时，更是现代审美意味的阐释。当代艺术设计理念给予了蜡染艺术广阔的发挥空间。如今，古老的蜡染工艺焕发出越来越浓烈的现代魅力，迎合了人们崇尚自然、返璞归真的精神需求。

非遗印象——丹寨蜡染

黔东南苗族侗族自治州的丹寨县是我国著名的苗族蜡染艺术之乡，有"东方第一染"的美誉。改革开放前，丹寨县长期与外界隔绝，形成了一种自给自足的生活方式，而古老的蜡染工艺也因此得到了很好的保留。丹寨蜡染技艺精湛，风格独特，主要流行于丹寨境内的排莫、排倒、乌湾、鸡家、党早、远景等苗寨。丹寨蜡染图案主要分为两种类型，一种是用于女性上衣肩背及衣袖装饰的蜡染图案，图案为程式性的螺旋纹样；另一种图案是用于被面、床单、被罩及布包等生活用品装饰，图案是以花草、鸟类、蝴蝶等动植物为主的自由纹样。图案中动植物造型抽象、夸张，形象生动，富于变化。构图手法变化无穷，没有固定的模式和统一的方法，在特定的图案框架和固有风格之中，苗家妇女对图案可以自由组合，绘图可达到图由心生（图2-12）。

图2-12 | 苗家妇女绘制蜡染图案

第二节　绞缬

绞缬是中国民间传统而独特的一种染色工艺，通常称其为扎染。这种工艺在我国历史悠久，是最为原始的一种织物印染方式，它启迪了后来的蜡缬、夹缬和灰缬。

一、绞缬的发展演变及分布地域

　　绞缬起源于我国黄河流域，最早产生于秦汉时期，发展至今已经有两千多年的历史。早在东晋的时期，就已经有了大批量的生产，并且日趋成熟，流传到南北朝的时候，绞缬工艺逐渐用于妇女的衣着用品上，并在唐代达到了鼎盛时期。"青碧缬衣裙"甚至成为唐代时尚的基本式样，当时中等生活水平以上人家妇女的衣裙和家庭日用屏风、幛幔等，多用扎染工艺制成，当时著名的纹样有"鱼子缬""撮晕缬""玛瑙缬""唐胎缬""蚕儿缬""醉眼缬"等，其中又以"鹿胎紫缬"和"鱼子缬"图案最为有名。北宋时，宋仁宗奉行节俭，扎染由于费工费时遭到限制，至明清时期，资本主义萌芽使得市场扩大，扎染又重新复兴并得到广泛发展，开始具有批量化生产的雏形。

　　目前保存比较完整的扎染技艺主要分布在云南大理、四川自贡、湖南湘西、江苏南通以及新疆喀什、和田地区。现代许多印染工作者与艺术家在继承原有传统的基础上，结合现代科技所衍生的新材料、新工艺对绞缬工艺进行了大胆的改进与创新，使得古老的绞缬工艺更加地贴近时代，重新焕发活力。

二、绞缬的技术特点与艺术特色

1.技术特点

　　绞缬是织物在染色时将部分面料扎结起来，使其不能着色的一种染色方法。通过纱、线、绳等工具，对织物进行扎、缝、缚、缀、夹等多种形式组合后再进行染色（图2-13）。在古代，织物捆扎的方法大体分为四类：缝绞法、绑扎法、打结法和夹板法。根据出土或传世文物以及文献记载的充分印证，缝绞法和绑扎法是最具绞缬特征的两种典型方法。其工艺特点是用线将织物打绞成结后，再进行印染，然后把扎结的线拆除的一种印染技术。

2.艺术特色

　　绞缬图案的创作素材多种多样，山川云海、飞虫走兽、花香鸟语，它是松与紧的抉择，是浓与淡的交融，是形与色的舞蹈，自由多变的图案每一种都独具妙趣。扎染形成的图案色调柔和，边缘由于受到染液的浸润，自然地形成从深到浅的色晕，使织物看起来层次非常丰富（图2-14）。其产生的花型纹样具有深浅不一、色彩自然、边缘柔美的效果，扎染纹样的丰富肌理和自然晕色是任何印染工艺都难以达

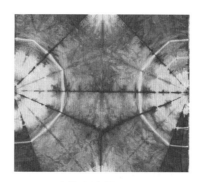

图2-13｜绑扎工艺　　　　　图2-14｜扎染纹样

到的。相比于其他染色工艺，绞缬有很多不确定的因素难以量化，因而具有不可复制的独特之美。绞缬工艺的魅力在于简单易行的操作，能够带来无限创造和想象的体验之美。

3.艺术风格与工艺技法的关系

扎染纹样所表现的艺术风格与工艺技法密不可分，"扎"和"染"是最主要的技术环节，同时也能带来最丰富的变化。扎染工具简单，只需绳子、线、针等简单物品，甚至不要任何工具，直接在织物上自由打结，就能随心所欲地制作出扎染纹样。扎结是扎染制作的重要环节，织物印染后所呈现的图案很大程度上取决于扎结的方式。手扎的松紧程度、染料的配比浓度、浸染的时间长度和温度，坯布的材质和疏密，都会影响最终的染色效果。

随着人们对绞缬的认识，它的载体也越来越多，如地毯、餐具、瓷器等。它所涉及的领域，如今也走向了家装，且备受设计师青睐，华丽脱俗的它总能给视觉带来惊喜。当今的手工扎染简单易操作，并融合年轻人的文化，将当代艺术带进其中，介入现代生活，是艺术与生活的完美结合。

第四节　夹缬

夹缬，是使用夹版防染的一种工艺方法，是我国最古老的印染艺术之一，它是我国雕版印染和印刷的源头。夹缬是镂空版印花，用两块雕镂有相同图案的花版，将织物对折后紧紧地夹在两板中间，然后在镂空处涂刷染料或色浆。除去镂空版后，对称的花纹就可显示出来了。有时也用多块镂空版，进行两三种颜色重染。

一、夹缬的历史发展

夹缬源于秦汉，盛行于唐宋时期。在唐代常用作妇女的服饰，还作为家具的装饰品，如夹缬屏风等。在其工艺发展的鼎盛期唐代，工匠们曾经创造出极其复杂的工艺流程用来制作彩色夹缬。夹缬色彩斑斓，极为盛行，经常被唐明皇作为国礼赠送给各国使者。日本正仓院收藏的唐代彩色夹缬幡就是唐代皇帝赠送给使者的礼物，一直保存至今。由于耗费国力，宋代皇帝两度下令禁止民间私自染

非遗印象——新疆维吾尔族艾德莱斯绸

艾德莱斯绸是新疆喀什、和田地区特色传统手工艺织品（图2-15）。艾德莱斯意为"扎染"，这种丝绸采用我国古老的"扎经染色"工艺，按图案的要求，在经纱上扎结，进行分层染色，染色过程中图案因受染液的渗润，有自然形成的色晕，参差错落，疏散而不杂乱，既增加了图案的层次感和色彩的过渡面，又形成了艾德莱丝绸纹样富有变化的特点。艾德莱斯绸扎染技术独特，质地柔软，轻盈飘逸，图案层次分明、布局对称、组合严谨、色彩艳丽，具有浓郁的民族特色，深受维吾尔族和乌孜别克族妇女的喜爱。艾德莱斯绸编制、染织工艺极其复杂，其生产工艺流程：首先将蚕茧煮沸抽丝、并丝、卷线，然后经过扎染、图案设计、捆扎，最后分线、上机、织绸，制成成品。艾德莱斯绸花色品种繁多，图案变化多样，是新疆常见的一种既普通又高雅的传统服饰，在新疆城乡常见妇女穿着艾德莱斯绸做的衣裙。

图2-15｜艾德莱斯绸

造，因此宋代以后，彩色夹缬工艺逐渐失传，目前仅在浙南地区还有着极为少量的活态蓝夹缬印染技艺遗存。

由于夹缬工艺最适合棉、麻纤维，其制品花纹清晰，经久耐用，所以自唐代以后，它不仅是运用最广的一种印花方法，而且得到继续发展。从宋代起镂空印花版逐渐改用桐油涂竹纸代替以前的木板，染液中加入胶粉，以防止染液渗化造成花纹模糊，并增添了印金、描金、贴金等工艺，福州南宋墓出土的纺织品中，就有许多衣袍镶有绚丽多彩、金光闪烁、花纹清晰的夹缬花边制品。

二、苍南蓝夹缬

从文献上看最早的夹缬由丝织物制成，所以多规定不准民间服用。后来民间的夹缬多用土布制成，目前世界上仅存的蓝夹缬主要分布在浙江温州苍南县。苍南夹缬生产流程周密而考究，不仅完整地保存了中国古代夹缬印染的生产技术和生产流程，同时还保存了天然靛青的配方、配液和以天然靛青为染料的印染技术，可以说是我古代印染技术的活化石，具有不可估量的学术价值和历史文化价值。

苍南夹缬的图案为蓝底白花，色彩调和，对比强烈。以雕刻着精美对称图案的木质夹版为工具，以民间土纺棉布为主要布料，以蓝草炼取靛青为染料的民间防染工艺，工艺涵盖夹缬印染、发靛和花版雕刻等传统工艺技术。

在近现代的苍南山区，夹缬产品多用于缝制被面，图案取材非常广泛，有花鸟虫鱼等吉祥纹样，也有内容丰富的戏曲题材，如昆剧、乱弹、京剧等戏文情节。印制的多为"八仙""状元郎""工农兵"等人物图案以及古代小说、戏曲故事中的人物图案，每一幅图都可以独立成章，风格粗犷、大气、简洁（图2-16）。每床被面印16组对称图案，每组对称图案中有2~8个人物，一床被面里差不多印有100个人物。通常以其产品的画面内容命名，称为"百子被""八仙被"和"状元被"。

图2-16 | 夹缬纹样

三、苍南蓝夹缬的制作流程

1.夹染花版的制作

蓝夹染工艺最为讲究的就是夹缬雕花版的制作（图2-17）。夹缬雕版不仅需要防染，还需具有上色的效果。雕版上阳纹用来防止染料上色，阴纹需要连接通畅，引染料进入，使染液可到达每一个部分，雕版上有复杂的横向沟渠和纵向沟渠的设计穿插，使染液可以畅流无碍。

图2-17 | 夹缬雕花版制作

雕版制作完成之后，要将其浸泡在水中一段时间，这样雕版不容易变形裂开，贴合度也更加好。

2. 整理坯布

印染用的坯布一般选择10米长，55厘米宽的棉坯布，先将坯布放入水中浸泡三四个小时后晾晒。晒干后将布料纵向对折，并根据图案位置和雕版长度在坯布上做记号，再用木棍将布料卷起。

3. 装雕版

将定制的铁夹染架摊好，将第一块单面雕刻的雕版放在夹染框架上面，雕刻图案朝上。按照布料上的记号依次将所有花版和布料铺好。完成后，将铁夹染框架的铁杆立起至最顶上的雕版，通过木楔紧紧卡住或者螺丝拧固，防范染液渗透进去。为了防止布料堆积颜色不均匀，需要在铁架边上挂小钩将布料勾起，使染液流通通畅。下缸前要将布料整理平整，否则影响布料染色均匀度。

4. 浸染

接下来的浸染工艺先将夹染版捆绑好，通过杠杆原理悬置于调好的染缸上，慢慢放入染缸，直到染液没过布板，半个小时后取出，将布板左右轻晃，使染液流出，在空中停留几分钟使染液充分氧化，布料的颜色会更加明显。重复浸染几次，直到颜色达到理想的效果（图2-18）。

5. 卸版晾晒

染色结束后，就可以拆解夹缬框架，卸版取布。并将印好的布放入清水，轻轻洗去杂质和多余的染料，搭于竹竿上背阴晾干，蓝夹缬就完成了。

第五节　灰缬

灰缬是一种碱性印花，就是用碱性的防染剂进行防染，防染剂用的是豆粉、石灰混合成的糊状物，俗称"灰药"，因此被称为灰缬。其工艺类似于今天的蓝白印花（图2-19）。

图2-18 | 入染缸浸染

一、历史及应用

民间传统印染技艺从先秦时期起，经过了直接印花、防染显花、浸染等多种工艺形式，至唐宋时期印染方式逐渐趋于成熟。蓝印花布印染工艺也是在各印染方式的相互传承、影响下产生和发展起来的。

宋朝时期，夹缬常被用来制作宫廷日常服饰，

图2-19 | 蓝印花布

为了区别于民间和宫廷的地位与差别，体现宫廷的高贵，宫廷曾多次下令禁止民间私自雕刻夹缬花版及进行彩色染缬印染，下诏禁止染缬在民间使用，甚至贩卖夹缬都要被治罪。这极大地阻碍了夹缬、绞缬等防染印花技艺的发展，使这些技艺慢慢失传，彩色的蜡缬、绞缬、夹缬在中原地区逐渐从人们的生活中消失。民间印染的颜色也逐渐趋向于单一的蓝白两色，主要应用在被面、包袱布、帐檐、枕巾、服饰等方面。

灰缬采用镂空版工艺，工艺简单的镂空花版技术渐渐在江南兴起。由于灰缬印制时可以一块型版为单位，拼接灵活，纸质型版轻便，便于移动和清洗，劳动强度大为降低，而且一幅型版可以用多年，防染的灰药材料也是平常物，价格低廉。因此，工艺简单、成本低廉的蓝印花布渐渐取代了其他工艺复杂的防染制品，并迅速地流传，在清代得到了极为广泛的应用。其制品蓝印花布遍及城市乡村的家家户户，并在东北、江苏、湖北、福建等地延续至今，在江苏称为"药斑布"，东北称为"麻花布"，福建称为"型染"。

二、蓝印花布的图案

蓝印花布的纹样图案来自民间，反映了百姓的喜闻乐见，寄托着他们对美好生活的向往和朴素的审美情趣。蓝印花布的图案取材通常为民间故事或戏剧人物，但更多的是由动植物和花鸟组合成的吉祥纹样，采用暗喻、谐音、类比等手法，抒发了百姓憧憬美好未来的理想和信念，因此在民间的传统习俗中，蓝印花布占有相当重要的位置。以前，女儿出嫁时一定要带上母亲早已准备好的一条用靛蓝布做成的围裙，这样的习俗是希望女儿嫁到男家后"上得厅堂，下得厨房"。姑娘出嫁时的衣被箱里必定会有一两条蓝印花布被面，大都是龙凤呈祥、凤戏牡丹图案的"龙凤被"，也称为"压箱布"。可见在当时蓝印花布是老百姓生活中必不可少的生活用品。

蓝印花布有两种图案造型，一种蓝地白花，另一种白地蓝花，制作工艺稍有不同。蓝地白花是将图案雕刻成镂空进行防染，白地蓝花则需要两块版，先用第一块版刮浆，再用第二块版盖浆，刻版控制上难度较高。

三、蓝印花布的制作工艺

蓝印花布的制作工艺包括刻花版、刷桐油、刮防染浆、晒浆布、染色、固色、清洗整理七个步骤。

1.刻花版

刻花版一般需要3~5层纸用面糊裱在一起，刷上熟桐油，晾干压平整并在上面画稿。刷桐油的目的是保护纸板使其有防水的作用，用这种方式制成的花版可刮浆一百多次。然后用刀刻出纹样，刻版时，为追求上下层的花版花型一致，刻刀需要竖直（图2-20）。一般为了稳固性，雕刻花版的纸板边缘会留5厘米的空白，刮浆时颜料也不容易溢出。花版一般不会太大，花版的长一般在80厘米以内，宽在40

图2-20 | 刻花版

厘米以内，过大不便于刻版的雕琢，容易损坏。

2. 刷桐油

雕好的花版需要刷桐油。先整理打磨刻好的花版，然后反复刷熟桐油，第一次上油尽量少而薄，干后再继续刷，反复刷两到三次。油量尽量适中，过多容易变形，过少花版牢度不够，也不耐水。

3. 刮防染浆

接下来要给坯布刮防染浆。将黄豆粉和石灰粉按照比例调和成泥浆状，调浆用的黄豆粉磨得越细腻，黏性越好。刮浆时，一般呈45度角迅速刮下，用力均匀，一般需要重复两三次，使浆料能均匀地布满每一个部位（图2-21）。刮浆的厚薄、力度和速度都必须控制得当，太薄容易渗色，太厚不容易将边角顾全到。刮浆的厚度一般为纸板的两倍左右，刮完浆小心将纸版取下。

4. 晒浆布

刮浆后将涂好防染剂的白坯布吊挂起来进行晾晒，但不要被阳光直射，一定要在晾晒过程时防止浆的脱落，同时也要注意面料不要挨在一起，以免互相沾染。

5. 染色

染色前将布在水中浸湿后即可染色。入染缸时可用竹篮将布料挂在缸口，以免太重沉入缸底部，混上沉淀物破坏染色的均匀。经过6～8次的反复染色，使布料达到所需要的效果。

6. 固色

染好色后，用3%～5%的醋酸酸性水浸泡半小时固色，然后将布沥干，再拿到室外晾晒固色，使全部的防染剂都完全晾晒透彻，正反都晾晒好后取回准备刮掉防染剂。

7. 清洗整理

最后将布上的浆灰刮掉，再次用3%～5%的醋酸水浸泡。然后清洗干净，去除上面的残留物，晾晒干后即可。

图2-21 | 刮防染浆

非遗印象——兰陵大仲村蓝印花布

兰陵是临沂民间蓝印花布的主要产地之一。在20世纪60年代前印染作坊遍及乡村，尤以大仲村镇小吴宅村相氏作坊最为突出（图2-22）。小吴宅村蓝印花布印染始于清代中后期嘉庆年间，至今有200多年历史，2009年被列为省级非物质文化遗产。大仲村小吴宅村相氏作坊印染的蓝印花布，题材广泛，内容形式多样，常以花鸟鱼虫、飞禽走兽等为题材，并带有明显的谐音、隐喻、象征和美好的寓意，具有浓郁的地方特色和乡土气息。为了迎合时代需求，在传统工艺的基础上，吸收了剪纸、刺绣、木雕等艺术创作方法，由原来的单面印花发展成双面印花，由单色发展成复色。最终印染的蓝印花布色彩质朴，纹样丰富，风韵素雅，形象生动，具有较高的审美和实用价值。

图2-22 | 大仲村蓝印花布

第六节 凸版印花

凸版印花是一种直接印花技术，它是画绘技术的延伸。

一、历史渊源

我国新石器时期就开始使用凸版印制陶纹，周代用于印章、封泥，春秋战国时期，凸版印花已经用于织物，到西汉时期已有相当高的水平。湖南长沙马王堆汉墓出土的印花敷彩纱就是用三块凸版套印再加彩绘制成的。其工艺精巧，色浆细腻厚实，反映出当时铜版凸印和多色套印已经达到很高的工艺水平。凸版印花结合手绘是西汉时期纺织印花的一个显著特征，同时也是中国纺织印花的最初形态。

值得一提的是，丝绸印花是最古老的印刷方式之一，丝绸套色印花是印刷意识的起源，提供给人们掌握印刷工具、印刷效率、印刷效果等方面的知识和经验，为印刷术的发明打下了基础。

二、工艺特点

凸版印花是在木模或钢模的表面刻出花纹，然后蘸取色浆盖印到织物上的一种古老的印花方法。这种方法与版画最为接近，多在民间的年画中被采用。

凸版印花工艺简便，对棉、麻丝、毛等纤维均能适应，因此一直是历代服饰和装帧等方面的主要印制方法。我国少数民族地区采用凸纹印花也很普遍，运用技巧也比较娴熟。清代时期，新疆维吾尔族人民创制出的模戳印花和木滚印花就很有特色。模戳面积不大，可用于局部或各种中小型的装饰花纹；木滚印花由于是用雕刻花纹的圆木进行滚印，所以适于印染大幅度的装饰花纹。

三、维吾尔族土印花布

1.工艺方法

现在传统的维吾尔族土印花布多以模戳印花的方式，在白棉布上进行工艺图案的装饰。新疆维吾尔族模戳印花工艺与我国其他地区印花工艺不同，它是采用一块块木印模，像盖图章似的在棉织布上印出各种各样的图形纹样，形成具有伊斯兰装饰风格的整体图案。

模戳印花工艺整体印制过程简单，需要准备当地特制土布，将炮制好的染料根据所需，涂抹在木质的模具上，然后印制在规划好的位置。一块棉布的颜色没有特定的规则，一切都依赖于模戳印花手艺人的色彩观。

2.制作过程

模戳印染的完整过程包括制作模戳、制备染料、印前工作、印染工作、印后工作五个基本阶段。与印染直接相关的流程集中在组合图案和后期处理阶段。

（1）制作模戳。木戳印章大多是印花布艺人自己刻制的（图2-23），有圆形、椭圆形、长方形、菱形、梯形等十几种形状，装饰纹样多取材于花草、生活用品与几何图形。对于模戳印花布而言，每一个模戳都是一个图案基本单元，也可以视作一个单独纹样，是构成模戳印花布的最基本元素。

（2）制备染料。模戳印花布的传统颜料是由石榴皮、石榴汁、核桃皮、铁锈、锅黑、赭石等植物和矿物配制而成的，可以保持上百年不褪色。例如，用槐花、槐籽、桑树根制染黄色；核桃皮制染柠檬黄和黄绿色；红花、茜草制染红色；红柳根、红柳穗、杏树根制染赭褐色和土红色；葡萄干制染红赭色；锈铁屑和面汤的酵液制染黑色；靛蓝染深蓝色等。还有一种叫"扎克"的石料作为媒介剂。而现在的染料掺入了多种化学品，不褪色的工艺至今没有恢复。

（3）印前工作。印前工作阶段主要是确定所印布料的使用功能、挑选坯布、坯布处理。使用功能对于坯布的材质、大小具有限定作用。确定好布匹的材质和尺寸，随后对其进行煮练、漂洗和平整处理。印制的时候，坯布一般会处在半干的状态。

（4）印染工作。印染工作阶段主要是采用模戳单体进行规划、组合来形成图案，包括配置模戳、确定骨架、模戳图块、纹样组合四个基本步骤。根据基本骨架和选择的模戳，印制模戳图块单元。在操作过程中，可以进行灵活调配，如可先根据功能确定大致骨架，然后配置模戳，而在模戳印制过程中，也可对模戳的图案组合进行调整。另外，在印制过程中，一般会在布料下方衬一块毛毡，以利于拓印操作。

（5）印后工作。印后工作主要是对印染形成的图案进行颜色的填充，而且要对一些形状和颜色不到位的地方进行修补（图2-24）。完工之后采用流水漂洗的方式，去除印花布表面的杂质。

图2-23 | 制作木印模

图2-24 | 颜色填充

3.发展现状

维吾尔族民间印花布是维吾尔族典型的手工艺品。纯手工的、独创的印染技术和民族风格的图案融为一体，无疑是它的最大的特色。通常可用作衣里、墙围、壁挂、窗帘、桌单、餐巾、包单、腰巾、褥垫等。

曾经作为生活日用品的模戳印花布已有1000多年的历史，随着工业水平的逐渐进步，各种花布的样式越来越多，价钱也更便宜，很少有人再关心模戳印花布。因此掌握模戳印花布手艺的人越来越少，1989~2003年，此行业中断了14年。2003年，新疆英吉沙县把木戳印花布工艺作为非物质文化遗产进行重点发掘和保护，同时把模戳印花布作为发展旅游业的招商项目，并制作了"古丝绸之路"特有的旅游纪念品。印花布工艺品深受游客喜爱，供不应求。

非遗印象——新疆英吉沙的模戳土印花布

模戳土印花布是新疆维吾尔族的传统手工技艺，英吉沙县则被誉为"模戳印花布故里"。英吉沙县古老的传统手工技艺，以自己织造的白布为底料，采用凸版模戳进行印制（图2-25）。印染所用的模子都是用木材手工雕刻而成，其大小视图案的大小而定。模戳土印花布的颜色多为大红、粉红、果绿、中黄、淡黄等，图案则多以花果植物、家用器皿为素材。这种花布主要用于墙围、壁挂、腰巾、餐单、褥垫、窗帘等的制作，具有浓郁的民族风格和地方色彩，给人以古朴、素雅、大方之感，深受维吾尔族人民的喜爱。现在随着旅游业发展，已衍生出服装、手提包等文创用品。

图2-25 | 模戳印花布技艺国家级传承人吾吉阿西木·吾舒尔用模戳在土布上印花

思考题

1.可以用毛笔来绘制蜡花吗？如果可以，毛笔适合绘制什么类型的蜡染纹样？

2.中国绞缬工艺的发展还需要从哪些方面进行突破？

3.彩色夹缬作品的制作原理是什么？与蓝夹缬的不同点在哪里？

4.新疆木戳印花工艺对现代设计方法有什么启发？

第三章
刺绣

课时导引： 3课时

教学目的： 了解中国传统刺绣的历史发展及市场现状，以及不同地域传统刺绣的艺术特征，掌握刺绣绣法的分类、各种针法的特点及应用范围，具备欣赏刺绣作品的能力，激发学生对刺绣工艺的美好情感，培育民族自豪精神。

教学重点： 四大类绣法的刺绣特征及各种针法的艺术特点与表现方法。

自主学习： 八大名绣的市场现状、代表性传承人，以及在现代设计中的应用与融合。

第一节 刺绣概述

一、刺绣的概念及分类

刺绣，古代称为针黹，也称针绣、扎花、绣花，因为刺绣多为妇女所作，因此属于"女红"的一个重要部分。刺绣是以针代笔、以线为料，在纺织布料上刺绣运针，以刺绣针迹形成花纹图案的一种工艺。

从功能上，刺绣分为纹绣和画绣两类，纹绣多为衣服或物件做装饰，画绣则是独立的艺术陈设品。刺绣按照材料又可分为丝线绣、羽毛绣和发绣。

二、刺绣工艺的历史演变

刺绣是我国传统的民间手工艺之一，在中国至少已有二三千年的历史。据《尚书》记载，远在四千多年前的章服制度，就规定"衣画而裳绣"。因此古代帝王袍服多为刺绣和手绘制成，章服上衣的日、月、星辰、山、龙、华虫用画，下裳的宗彝、藻、火、粉、米、黼、黻用绣。

古代刺绣的水平很高，汉代刺绣制作已经迈向专业化，刺绣技艺和生产非常普及，其中辫子股针最具特色。刺绣工艺发展到唐宋时期已有数十种针法，也逐渐形成了各个地域不同的风格特色。唐宋时期，佛幡、佛像刺绣非常兴盛，观赏性的书画绣作也蔚然成风，刺绣艺术语言得以拓展和丰富。明清时期，刺绣继续蓬勃发展，著名的画绣如露香园顾绣，沈寿仿真绣等闻名遐迩，精致绝伦，民间刺绣均具有浓郁的地方特色，产生了"四大名绣"苏绣、粤绣、蜀绣、湘绣，另外还有京绣、鲁绣、苗绣等，各自富有特色，形成争奇斗妍的局面。

三、地方名绣

1.苏绣

苏绣是苏州地区刺绣产品的总称，其发源地在苏州吴县一带，现已遍衍无锡、常州等地。具有图案秀丽、构思巧妙、绣工细致、针法活泼、色彩清雅的独特风格。苏绣的仿画绣、写真绣逼真的艺术效果名满天下（图3-1）。

2.粤绣

粤绣是以广东省潮州市和广州市为生产中心的手工丝线刺绣的总称，包括潮绣和广绣两大分支。在清朝雍正、乾隆时期曾大量行销欧洲和中东各国。潮绣构图饱满均衡、针法繁多、纹理清晰、金银线镶、托地垫高、色彩浓艳、装饰性强，尤其以富有浮雕效果的垫高绣法独异于其他绣法（图3-2）。广绣远看非常醒目，近看又非常精细，构图饱满、繁而不乱、装饰性强、色彩鲜艳、富丽堂皇。

图3-1│苏绣作品（孔雀牡丹图局部） 图3-2│潮绣作品

3. 蜀绣

蜀绣又名"川绣"，起源于川西民间，受地理环境、风俗习惯、文化艺术等各方面的影响，经过长期的不断发展，逐渐形成了严谨细腻、光亮平整、构图疏朗、浑厚圆润、色彩明快的独特风格（图3-3）。蜀绣以软缎、彩丝为主要原料，针法包括12大类122种，针法丰富程度居四大名绣之首。具有针法严谨、针脚平齐、变化丰富、形象生动、富有立体感等特点。

图3-3│蜀绣作品《秋色高原》（陈列于人民大会堂）

4. 湘绣

湘绣是以湖南长沙为中心的、带有鲜明湘楚文化特色的湖南刺绣产品的总称，擅长以丝绒线绣花（图3-4）。绣品形象生动逼真、色彩鲜明、质感强烈、形神兼备、风格豪放，曾有"绣花能生香，绣鸟能听声，绣虎能奔跑，绣人能传神"的美誉。

5. 京绣

京绣又称宫绣，是以北京为中心的刺绣产品的总称。明清时期开始大为兴盛，多用于宫廷装饰、服饰，用料讲究、技术精湛、格调风雅（图3-5）。主要是为供奉宫廷、帝王、侯爵服饰之用。由于宫廷艺术审美的标准和规范，在宫廷绣品中无论服饰纹样，还是佩物小品，都充分体现了构图满而不滞、造型端庄稳重、设色典雅、雍容高贵的皇家气派和尊严。

6. 鲁绣

鲁绣是山东地区的代表性刺绣，是历史文献中有记载最早的一个绣种，属中国"八大名绣"之一。鲁绣所用的绣线大多是较粗的加捻双股丝线，俗称"衣线"，故又称"衣线绣"。鲁绣多以暗花织物作底衬，以彩色强捻双股丝线为绣线，色彩浓丽、鲜明，多用高纯度色，大胆采用色彩的强烈对比，层次分明，画面气氛丰满、质朴牢固、严密而富丽，表现为粗犷雄健、苍劲拙朴、质地坚实的画面特色和无拘无束、开朗奔放的民族气质（图3-6）。鲁绣最有代表性的一个品种是济南发绣，擅长表现中国书画的笔墨效果，特别是再现动物的皮质感，绣品清隽淡雅、质感逼真，风格粗狂中见精微，韵味十足。

7. 苗绣

苗绣是我国苗族民间传承的刺绣技艺，主要流传在贵州省黔东南地区苗族聚集区。苗绣装饰纹样夸张变形，既有生机勃勃的客观对象表现，又有梦境般的幻想色彩。针法丰富多变，色调古朴协调而又鲜艳明丽（图3-7）。大量运用各种变形和夸张手法，表现苗族创世神话和传说，从而形成苗绣独有的艺术风格和刺绣特色。

图3-4 | 清代湘绣花卉两屏镜芯局部

图3-5 | 清代明黄色绸绣绣球花棉马褂（故宫博物院藏品）

图3-6 | 明代《鲁绣芙蓉双鸭图轴》（故宫博物院藏品）

图3-7 | 苗族斗纹布辫绣对襟女上衣局部（北京服装学院民族服饰博物馆藏品）

8.顾绣

顾绣又称"露香园顾绣"，源于明代嘉靖年间，松江地区露香园顾名世家，顾家先后出现了缪氏、韩希孟和顾兰玉等顾绣名手。顾绣与国画笔法相结合，以针代笔，以线代墨，勾画晕染，浑然一体（图3-8）。顾绣以名画为蓝本，以画绣闻名于世，有"绣艺之祖"之称。顾绣刺绣技法特点是画绣结合、半绘半绣，针法复杂且多变。为了更形象地表现山水人物、虫鱼花鸟等层次丰富的色彩效果，采用景物色泽的老嫩、深浅、浓淡等各种中间色调，进行补色和套色，从而充分地表现原物的天然景色。

图3-8 | 明代《顾绣花鸟草虫图册》局部（故宫博物院藏品）

刺绣在民间是一门母亲的艺术，是心与手的交流和互动下的情感产物。随着社会发展，人们生活方式的改变，传统刺绣工艺已经逐渐远离人们日常生活而成为一门艺术和技艺，但它所创造的美将会被一代代的艺术创作者以另一种方式去继承和发展。

第二节 工具材料

一、刺绣工具

刺绣工具包括针、剪刀和绣绷等（图3-9）。

1.针

刺绣通常选用9～12号的针，号数越大针越细。绣线粗就选号数小的针，绣线细就选号数大的针。挑选绣花针时要特别注意针的两头，就是"针鼻"和"针尖"。针鼻应为椭圆形，这样的针鼻不咬线。如果针鼻呈长方形或尖圆形都很容易咬线，也就是容易把线割断。针尖则越细越长越好。绣制纳纱绣的针尖应该短而且圆钝，针鼻宽大，因为纳纱要用合股线或粗捻线、毛线，针鼻过于细小，穿线会很费劲。

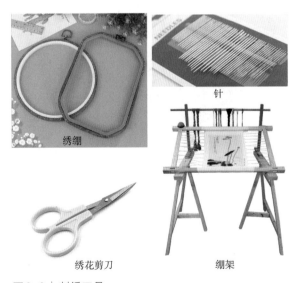

图3-9 | 刺绣工具

2.剪刀

绣花剪刀需要小而锋利，有平头和翘头两种。除了用来剪绣花线，还可以在作品绣成后修剪作品底面一些不规则的线头。翘头剪刀细致精巧，而且能够避免剪线头时剪刀尖挑到绣花上，因此受到绣工的偏爱。另外，要注意不要用绣花剪刀去剪纸质材料和过硬的东西，以及其他可能损伤剪刀刀刃的东西。

3.绣绷

绣绷包括手绷和绷架两种。手绷适合绣制日常用品和小件绣品，从形状上分有方形和圆形；从材质上分有木制、竹制和塑料三种。圆形花绷子分大、中、小号，大号直径30厘米，中号直径20厘米，小号直径12厘米。绷架则更适合专业刺绣和大幅作品。

二、刺绣材料

除了针、剪刀和绣绷外，刺绣还需要绣花线和绣布等材料。

1.绣花线

绣花线品种繁多，根据原料分为丝、毛、棉、化纤纤维等，常规的绣线有蚕丝线、金银线、棉线、缝纫线和羊毛线（图3-10）。蚕丝线色泽鲜艳，装饰性较强，它特有的光泽，能够非常好地表现动物的皮毛效果，也可以劈线绣更精细的图案，但它的强度比较差，而且不耐洗晒。金银线可以使刺绣作品具有富丽奢华的风格，由于它的质地较脆，因此不适合用于非常复杂的针法，多用于盘金绣，用真金银材质则更显华贵。棉线色泽鲜艳，色谱齐全，它的强力高，而且耐洗晒，不易起毛，棉线一般用于棉布、麻布等绣布上的绣制，应用更加广泛。缝纫线的材质是涤纶，它的牢度高，有韧性，色彩多样，能适应不同绣品的多种主题内容，还可以用于金银线的钉线。羊毛线纤维长、拉力好、色彩丰富、有光泽感，可以完美地展现图案的变化以及微妙的色彩过渡。绒绣就是用色彩丰富的羊毛线来表现油画、国画、彩色摄影等艺术作品，达到忠实原作、胜于原作的艺术效果。

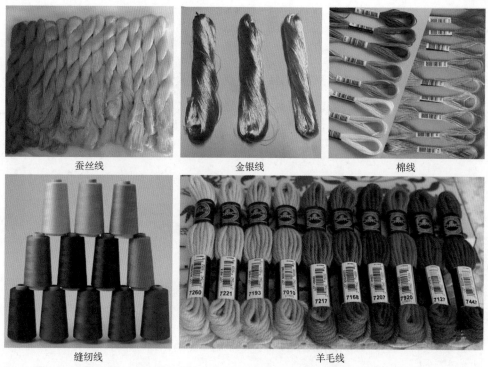

蚕丝线　　　　　　金银线　　　　　　棉线

缝纫线　　　　　　羊毛线

图3-10 | 各种绣花线

2.绣布

绣布品种繁多，按照原料分为丝、棉、麻等品种，也有很多混纺的绣布（图3-11）。选择绣布要综合考虑刺绣的用途、内容、绣种和针法，细腻、光洁、色正的绣布为上选，质量不好的绣布会影响绣品的品质。纯棉的绣布手感较为柔软，也结实耐用，易清洗，适合用作服装和传统民族服饰的刺绣，而且常常配合棉线使用。棉麻布是用棉麻混纺的织物，纹理较粗，和纯棉布一样，更适合用棉线绣制。真丝缎表面光滑，有光泽，价格适中，比较普及，不论是生活类刺绣还是工艺品类刺绣都可以用。素绸缎也是真丝类织物，它表面亮丽，手感滑爽，和真丝缎相比，素绸缎比较薄，而且悬垂性好，经常用来做围巾、手帕、时装等需要柔软材质的高档日用品。仿丝绸有真丝的质感和光泽，比真丝耐洗也比真丝更加结实。另外适合绣制双面绣作品的绣布有绡和绢，生丝绡和生丝绢看上去很相似，但是生丝绡更加柔软、透感朦胧、色彩古朴，生丝绢质地轻薄透明，手感平挺略带硬性，有厚薄多种。与生丝绡相比更加透，更加薄。真丝塔夫绸适合绣制书画类精品，它表面细密，质地均匀轻薄，有挺括感，色调典雅，色泽柔和，是非常高档的丝织布。丝纱罗质地轻薄、挺括，有交织的小方孔，适合绣制纳纱绣。麻纱罗的方孔比丝纱罗大许多，它的质地厚重，适合绒线绣的绣布。

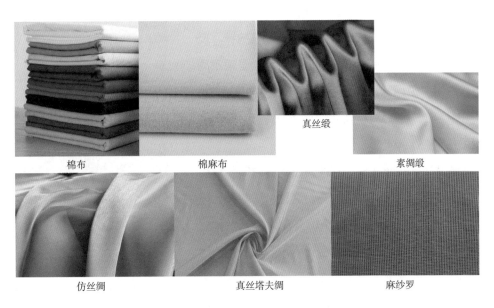

棉布　　　　　　　　棉麻布　　　　　　　　真丝缎　　　　　　　　素绸缎

仿丝绸　　　　　　　　真丝塔夫绸　　　　　　　麻纱罗

图3-11 | 各种绣布

第二节　绣法介绍

一、绣法的概念

绣法又可称为"针法"，是刺绣的技术方法，也是线条的组织形式。针法是刺绣的灵魂。为充分表现物象，不仅要注重布质纹理的选择，色彩的合理搭配，用线粗细合适，而且要讲究灵活运针。每一种针法都有一定的组织规律与独特的表现效果，单个针法就可以绣制出独立的作品，多个针法综合起来灵活运用，可以使画面更精致，并且有更丰富的艺术表现效果。

每个刺绣作品根据不同的绣布、色彩及题材，不但需要灵活综合运针，而且线的粗细也有特定要求，从而能够充分表现物体形象的质感。例如，绣金鱼鱼尾部分要用细线，排针虚，才能表现轻薄、透明感；绣鱼身线条就要略粗，排针密，则能表现出浑厚感（图3-12）。

图3-12 | 刺绣金鱼

二、绣法的分类

刺绣目前常用针法有：齐针、散套针、平针、接针、打点针、锁针、戳纱、接滚针、打籽针、擞扣针、正抢针、反抢针等四五十种。每种针法都有不同的运针特点，呈现不同的肌理与视觉效果。根据刺绣针法特点，一般分为四大类：直针绣法、环针绣法、经纬绣法、钉线钉物绣法。

1.直针绣法

直针绣法是最简单的针法，专家推测在上古时期用针引线缝衣服时首先使用的就是这种绣法。但这种绣法的真正流行要到晚唐时期，相对于早在殷商时期就已出现的锁绣针法，迟了很多年。但直针作为刺绣针法被运用后，一举取代锁绣的地位，对刺绣艺术的发展做出了极大的贡献。与绘画有密切相关的刺绣作品通常用直针绣以针代笔，刺绣作品由实用进而发展成为艺术欣赏品，将书画艺术带入刺绣之中，形成独特的观赏性的刺绣作品（图3-13）。我们常见的齐针、接针、套针、抢针等都属于直针类针法。

2.环针绣法

环针绣法是一种针线相绕、扣结成绣的针法。在汉唐时期出现的大多数刺绣实物中，锁绣针法一圈圈地盘起一片色块，色块中呈现明显的圈圈痕迹，就像用蜡笔将一个圆圈涂满一样。尤其是在湖北马山楚墓出土的龙凤虎纹绣作品中（图3-14），虎身斑纹用红、黑两色相间绣出，虎牙、眼、爪，用异色相嵌锁绣，构图匀称，色泽华丽，绣工精细，至今令人叹止。打籽、辫子股和拉锁子等，都属于环针绣针法。

图3-13 | 刺绣御制题桐荫玩鹤图挂屏（清乾隆，故宫博物院藏品）

3.经纬绣法

经纬绣法是自由绣中的一个特例，即各针法的走向严格按照织物的经纬组织结构，逐次起针落针形成绣品。其作品具有一种织花的效果，故又称仿织绣法，一般要在孔眼较大的纱地上绣。经纬绣法也是一种比较古老的针法，从陕西咸阳秦六国宫殿遗址出土的公元前220年的几何纹纱绣残片得知，这种绣法至少已经流传了两千余年。我们熟知的戳纱绣、挑花绣等都属于经纬绣法（图3-15）。

4.钉线钉物绣法

钉线钉物绣法是将特殊的绣线如金银线以及如绢片、珠宝等装饰物作刺绣材质的方法。涉及针法最多，刺绣材料非常多样化（图3-16）。总体来看针法以钉结为主，也有以网格状固定的方法。钉线绣、盘金绣、珠绣、贴布绣、网绣等常见针法都属于钉线钉物绣法。

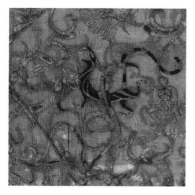  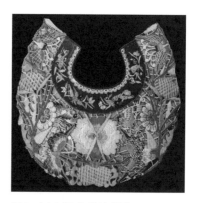

图3-14｜龙凤虎纹绣（马山楚墓出土）　　图3-15｜苗族挑花绣　　图3-16｜黔南苗族绣片

第四节　直针绣法

直针虽然是出现最早又是最简单的针法，但作为刺绣针法流行起来是到晚唐时期，而锁绣针早在殷商时期就已出现了。直针绣法是现在刺绣应用最为广泛的针法之一。

直针绣法的总体特征是绣制的每一针都是直线条，具体来说包括三种类型：接针、排针和间针。

一、接针

接针是依靠连续的直针绣形成线状的艺术。其中又包括劈针、回针和扭针（图3-17）。

1.劈针

劈针在绣制两次直针纵向相接时，不可能在原针眼上接头，一般要退回一些才能相交，后退不多或小于1/2的进针，称为劈针。第二针倒回从第一针的绣线中穿出，把第一针劈成两半，完成后形成辫子形状。绣制的要点是注意被劈开绣线的左右部分要均匀。劈针刺绣常用于绣制植物的茎，也常用于填充图案。

2.回针

回针是在绣品表面的原针眼上接针，即采用表面退针反面进针的针法。这种针法很像劈针绣，但显得更平坦。这种针法可以用来绣轮廓，甚至用于一些较满的填充。

3.扭针

扭针，又叫滚针绣、曲针绣，引线后从绣面上斜针逆绣，针从前上穿出绣面，再逆针至前斜针中部扎下，针脚藏于线下，依次行针即成曲线或直线。绣线形成的图案如绳索，常用于绣制植物的茎和叶脉以及纹样的轮廓。绣制弧线时应注意将针长缩短，以使线条更加流畅。

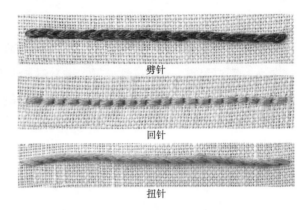

劈针

回针

扭针

图3-17 | 接针

二、排针

排针是直针沿横向成排绣制的针法，其中又包括齐针、搀针和旋针（图3-18）。

1.齐针

齐针也称平针，也叫缎面绣，是根据花纹轮廓刺成针迹平针、边缘整齐的针法，一般用来绣大面积的色块。齐针是中国传统针法中最古老的一种针法，这种针法最早见于湖南长沙马王堆西汉墓出土的铺绒绣上。齐针是一种最简单的刺绣针法，也是所有平绣针法的基础，能将齐针绣得平、匀、齐、密，其他针法就容易掌握了。齐针的针法组织要求线条排列均匀、齐整。起落针都要在花样的外缘，线条均匀，不重叠，不露底。按丝理方向不同，齐针可分直缠、横缠和斜缠三种。具体绣制方法是直缠为垂直运针，横缠为水平运针，斜缠为斜向45度运针。

2.搀针

搀针，也称擞和针、掺针、羼针，针迹平行但轮廓边缘的针迹参差不齐。针法排列是针针相嵌，呈伞状排列，线条比较灵活。每层都是一样长的针脚，针与针紧密靠着，另一层接在头一层的针脚上，运针时是从内向外。通常采用同色系从浅到深的线，不受色彩层次限制，因为颜色和顺，适宜绣花鸟、人物、树石、书法等。

3.旋针

旋针是根据所绣物的纹理，以接针或滚针方法迂回旋转而绣。针脚比较短，长短针排列没有一定规律，根据画面图案来定，旋转方向没有规律也没有轮廓可言，纯粹根据所绣物的纹理来定。旋针主要用来绣制头发、胡须、树木、荆棘丛等，会显得松软自然，线色按所绣物需要，可用单一的颜色，也可以用深浅配色或其他的颜色，针路的疏密也根据需要而定。

  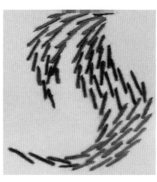

| 齐针 | 搀针 | 旋针 |

图3-18｜排针

三、间针

间针是在排针针迹基础上纵向的平面延伸，它展示的是面与面的关系。间针具体又包括刻针、抢针和套针（图3-19）。

1.刻针

刻针也称刻鳞针，线迹构成的面与面之间留有一定宽度的水路，犹如缂丝的效果，因此被称为刻针。它形似鳞纹，宜表现飞禽背部羽毛和鱼鳞等。刻鳞针又有抢鳞、叠鳞和扎鳞之分。

抢鳞针是采用长直针和短直针套绣，绣成的鳞片里面深，边缘浅。叠鳞针是在绣料上直接一片一片用戗针法加绣，不需打地，鳞片间留水路。扎鳞针是先用直针铺地，再用缉针绣出鳞片的形状。

2.抢针

抢针，也称戗针，是用齐针按照图形轮廓分批刺绣，一批一批前后衔接，颜色有层次的深浅过渡，达到晕色效果。抢针主要用于绣制花卉、果实、山水等图案，采用这种针法的绣品较为结实，针迹齐整、层次清晰、色彩浓郁，极富装饰性。

根据绣制顺序和表现效果不同，抢针又分正抢针、迭抢针和反抢针。

正抢针是从内边缘绣至中间，由外向内顺序绣制，不加压线；迭抢针是分批间隔绣，绣一批空一批；反抢针则是从中间绣至边缘，由内向外层层绣出，除第一批外都要加压线。

3.套针

套针始于唐代，盛于宋代，到明清时期得到更为广泛的发展和流传。与抢针一样，

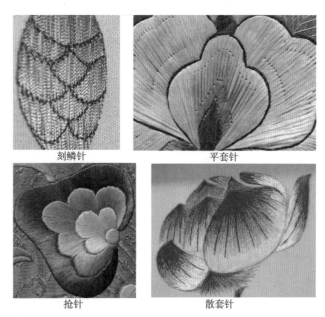

| 刻鳞针 | 平套针 |
| 抢针 | 散套针 |

图3-19｜间针

套针也是一批一批地刺绣，但是后一批线条必须插入前一批线条的两线之中，因此绣线的套接是不露痕迹的。在表现色彩的深浅变化时，晕色过渡自然，具有国画晕染的效果。套针常用于绣花卉、禽鸟走兽的翅膀和尾巴。根据纹样表现效果，套针可分平套针和散套针。

（1）平套针：针脚较为齐整，每一批的绣线相互间隔，颜色渐变柔和，绣面服帖。

（2）散套针：针脚散落有致，颜色的过渡更加自然。散套针是欣赏类绣品中最常用的针法，也是运用最广泛的针法之一。散套针的针法组织与擞和针大同小异，散套针线条重叠，较浑厚，针迹隐藏在线条中；擞和针线条平铺，较为平薄，针迹显露。

第五节　环针绣法

环针绣是一种锁绣，其基本特征是绣制的线条呈环绕状。环针绣法不仅可以用来表现线的艺术，而且也被用来填充大的色块。

环针绣具体又包括环编针、锁绣针和打籽针（图3-20）。

环编针　　　　　　　　　　锁绣针　　　　　　　　　　打籽针

图3-20 | 环针绣法

一、环编针

环编针是将相邻两组绣线以环针的形式相互勾编，形成面的效果。环编针有很多种类，如拉锁子针，苗族的挽针绣也属于环针绣的一种，挽针绣因为需要另外一根针作钉线，因此这种针法也同属于钉线绣。

二、锁绣针

锁绣针又称锁针、辫子股针，由绣线环圈锁套而成，绣纹效果似一根锁链而得名。其特点是前针勾后针从而形成曲线的针迹，但整体效果还是线条状。辫子股针是古老而常见的针法，此针法简单易学，而且均匀、结实，适宜表现流畅圆润的线条。

辫子股针常见的有三种，闭口辫子股针、开口辫子股针和古辫子股针。

三、打籽针

打籽针是利用丝线本身打结形成变化，再绣在织物上的绣法。打籽有满地打籽和露地打籽两种，也因绣线的粗细不同有粗打籽和细打籽之分。粗打籽的粒子形似小珠，凸出绣面，较有立体感。细打籽则有绒圈感。打籽针出现很早，在宋元时期得到了广泛应用，其中不少用作动物眼睛和花蕊，也有满地用打籽针绣成的平面图案。

第六节　经纬绣法

经纬绣法需要严格按照织物的经纬组织结构运针，这种针法绣制的作品有类似织花的效果，一般要在孔眼较大的织物上绣。

经纬绣法又包括纳绣、挑绣和数纱绣。

一、纳绣

纳绣，是指绣线沿着经纬方向运行，并计算经纬根数构成图案的方法。纳绣是一种需要特殊绣布的绣种，古代纳纱绣的底布由生丝织成，有清晰稳定的格目网眼，强度好，不易变形，网眼的细密程度数倍于现代常见的十字绣底布，俗称筛绢。纳纱绣在筛绢上按织物纱眼使用彩色丝线，按照一定规律刺绣。按行针方式可细分为戳纱绣、纳纱绣两种（图3-21）。

戳纱绣　　　　　　　　　　纳纱绣

图3-21 ｜ 纳绣

1.戳纱绣

戳纱绣，是用针线沿底料的经纱或纬纱方向依次穿绣纱孔，施绣时按线迹长短有串二、串三等变化，即每针刺绣至少跨越两道经纱或纬纱，因纹样需要也可跨三四根经纬纱，绣线规律匀整，互不交叉，有强烈的织纹感。汉代此类刺绣几乎不露出底部的素纱。明代又有"洒线绣"变种，露出底部素纱，勾勒出富有韵律的菱形格纹。

2.纳纱绣

纳纱绣，也叫打点绣、斜一丝或一丝串，纳纱绣品质密牢固，运针方式是在底料每一个经纬交叉点进行绕绣，以点状线迹组成细致多变的纹样。多表现人物瑞兽，风景花卉，盛行于清代中期，由于筛绢的网格细密，所绣图案的细致逼真程度都大大高于现在常见的十字绣。纳纱绣所用的绣线为散丝或丝线，都比绣底的经纬线粗，这样才能够盖住筛绢的经纬，其中不绣满留有空纱的称"活纱"，整幅绣满不露底的称为"满纱"或"纳锦"。

纳纱工艺在古代一般用在宫里后妃们夏日穿着的服饰上（图3-22），纱质的面料透气挺括，穿起来凉爽舒适，而上面的纳纱绣，又处处显示了宫廷服饰精细考究、时尚华丽的特色。另外，文武官员所穿官服胸前的补子通常也是用纳纱工艺绣制的。

图3-22 | 红纳纱百蝶金双喜单氅衣（光绪帝皇后夏季便服，故宫博物院藏品）

纳纱绣每点一针，形成显点花，聚点成纹。一幅完整的打点绣作品是由成千上万个缤纷的绣点组成的。在1平方英寸（1英寸=2.54厘米）的绢上，通常要绣制1000～2000个绣点，无数点铺满平面形成图案。如此精湛的工艺，无论在中国还是在欧洲，历史上都曾为宫廷显贵专用，极度美化了上层社会的生活。

传世精品赏析——白纱地纳绣西湖风景纹达婆衣

这件清光绪年间的纳纱绣精品，是由内务府造办处绣制的一件戏服，衣身是在白色直径纱地上纳绣出西湖风景图样（图3-23）。绣面采用正二丝串、斜一丝串的针法绣制。衣面纹饰有红、粉红、绿、浅绿、浅杏黄、金黄、黑等十几种色彩。衣周身镶棕色直径纱纳绣风景人物纹边饰。整件衣服设色艳丽丰富，绣工精致，针脚均匀齐整，纹样俏皮活泼而且布局匀称。

图3-23 | 白纱地纳绣西湖风景纹达婆衣　清光绪　故宫博物院藏品

非遗传承与创新经典案例——彩锦绣

20世纪60年代初，南通工艺美术研究所在当时"保护、发展、提高"的工艺美术方针指引下，发扬清末民初刺绣名家沈寿先生"以新意运规法"的创新精神，在传统纳绣的打点绣、纳锦针法的基础上，加之染、衬、钉、盘等各种表现手法，融入现代设计元素，研制出现代观赏性刺绣——彩锦绣，为现代装饰艺术应用做了很好的拓展。

20世纪80年代，南通工艺美术研究所和中国当代著名画家、书法家、工艺美术家张仃合作完成大型彩锦绣壁画《哪吒闹海》（图3-24）和《长城万里图》等一系列载入史册的彩锦绣新作，为20世纪80年代中国现代刺绣艺术的创新增添了浓墨重彩的一笔。彩锦绣在大型刺绣壁画、室内装饰壁挂、腰带、绣衣等方面成功运用，说明彩锦绣有宽泛的表现力。随着国家对非物质文化遗产的保护和挖掘，2010年，彩锦绣被列入了南通市文化遗产项目名录，并于2011年作为苏绣扩展项目被列入第三批江苏省非物质文化遗产名录。

图3-24 | 大型彩锦绣壁画《哪吒闹海》局部

二、挑绣

挑绣，俗称挑花，是在经纬交织点用绣线做斜向十字针，是一种具有极强装饰性的刺绣工艺。挑花绣有十字挑、辫形挑、重叠十字挑和平挑等针法。

我国传统的"挑花"与"十字绣"区别比较模糊，不少地区合称"十字挑花"或"架子花"，是一种根据绣地经纬纱交叉点以短针刺绣的针法，具有浓郁的民间装饰风格。十字挑花在我国历史悠久，流行地区较广，除汉族外，少数民族中的瑶族、苗族、侗族、羌族、黎族、土家族、维吾尔族和台湾的高山族都盛行挑花。

我国传统的挑花使用普通平纹织物做底布，成品针脚细腻，配色丰富，题材广泛，图案风格多样，地区性代表品种如黄梅挑花、花瑶挑花、望江挑花、石坪苗族挑花、罗泾十字挑花等，其中黄梅挑花最为著名，起源于唐宋时期，1938年曾获"巴拿马万国博览会"金奖。

1.黄梅挑花

黄梅挑花是广泛流传于湖北省黄梅县的传统民间艺术。黄梅挑花是以元青布作底，用针将五彩丝线挑制在底布经线和纬线交叉的网格上，形成色泽绚丽、立体感强的图案。黄梅挑花图案精美，色彩富丽，具有浓郁的地方风格和民族特色（图3-25）。2006年经国务院批准列入第一批国家级非物质文化遗产名录。

2.花瑶挑花

花瑶挑花是湖南省瑶族女子中流传的一种独特的手工艺，因瑶族女子筒裙上装饰有艳丽的挑花而被人称为花瑶。花瑶挑花主体图案的材料都用平粗深蓝布作底，白色粗线挑成，花纹古拙粗犷。花瑶挑花图案取材广泛，内容丰富，常见的有飞禽走兽、树木花草、日月星辰、山川河岳等（图3-26）。有人曾统计过，一件筒裙挑花约有30多万针，累计需180余个工日才能完成。2006年经国务院批准列入第一

图3-25｜黄梅挑花

图3-26｜花瑶挑花

批国家级非物质文化遗产名录。

3.望江挑花

望江挑花是安徽省望江县的传统手工技艺，最大的特点就是"正反成趣"（图3-27），无论从正面看还是反面看，图案都是一样的。2008年被国务院收录到国家级非物质文化遗产名录。望江挑花制品细腻精湛、色泽淡雅，曾三次被选为人民大会堂的艺术饰品。

三、数纱绣

数纱绣通常使用普通平纹织物作为底布，依据设计的图案，每一次出针入针都精确地数清绣地织物的经纬线，严格保证绣线按照规律排列，长短位置准确无误（图3-28）。数纱绣的精妙之处就在于刺绣图案时要严格按照几何学上的对称性进行，每一次下针，都要一根一根精确地数清楚底布的经纬线，才能保证图案形状规整。这种绣法不但费眼力，而且费精力。

数纱绣是中国传统的刺绣方法，在苏绣和苗绣中经常采用。从广义上来讲，纳纱绣、十字挑花都属于数纱。数纱绣的构图通常对称均匀，纹样精细，因此绣制过程比较繁复（图3-29）。

数纱绣是苗绣中应用非常广泛的一种技法，

图3-27｜望江挑花

图3-28｜数纱绣针法

几乎任何支系的苗衣上都有数纱绣的技法，苗族数纱绣尤其擅长从绣地反面数纱刺绣，取正面图案，所以有"反面绣，正面看"的说法。

现在生态全球化使人们的思想观念、价值取向、文化理念都发生了巨大的变化。人们渐渐失去了那种从事工艺制作的宁静心态，他们以新的观念和思维，重新审视经过千百年积淀、属于本民族优秀传统的数纱艺术，好像已经不再是生活的必需品，而是被当作陈旧的、落后的东西所抛弃，传统的习俗也在逐渐地改变、淡化、失落。数纱艺术的承传，不可避免地产生了断代现象，故此这朵艺苑奇葩面临外患内忧的尴尬境地。

图3-29 | 数纱绣绣片

第七节　钉线钉物绣法

钉线钉物绣法归纳起来大致有钉线绣、钉金绣、穿珠绣、布绣、编绣等针法。

一、钉线绣

钉线绣又称缉线绣，它是将绣线钉缝在织物表面进行装饰的技法，绣线在织物表面显色形成纹样，用另外的钉缝线以均匀间隔的针迹固定绣线（图3-30）。钉线一般采用同色线，相邻两排的钉线均匀错开。钉缝线环绕绣线暴露在表面的称为"明钉"，钉缝线穿透绣线藏于线梗中的称为"暗钉"。钉线绣自唐宋时期之后开始流行，但主要用作图案勾边和某些须蔓类线状纹样。金元时期有将绢捻成线状而平钉者，一般是直接用于服饰上作特殊的装饰，另外也有选用稍粗的绣线将层层绣线紧密排列组成图案。

钉线绣常用于勾勒线条、文字或者填补面积。钉线绣的绣法非常简单，其装饰风格典雅大方。

大家熟知的盘金绣也属于钉线绣的范畴，只不过由于绣线的特殊性而成为单独的刺绣品种，本文单独将其列到钉金绣里去讲。民间还有绞线绣、马尾绣、拉锁子绣和盘带绣，也都属于钉线绣法。

1.绞线绣

绞线绣，又称缠绣、绞绣、绞钉绣或盘筋绣。绞线绣先以较硬的梗线或家麻为内芯，芯线外紧密缠绕丝线制成的彩色预制线称为"综线"，将综线盘绣出各种纹样，再用单股丝线将其一节一节固定在底布上（图3-31）。苗族的绞线绣技法十分丰富，绞线既可盘旋围绕其他刺绣表现图案轮廓，也可以往复折叠密集排列。绞线绣不擅长表现精细的花纹，通常都是与其他刺绣及装饰手法配合，灵活运用。绞线绣的绣面呈现强烈的浮雕感，再辅以金银线和亮片装饰，工艺复杂、结实耐用、装饰感极强。

2.马尾绣

马尾绣是水族、侗族妇女世代传承的以马尾作为主要原材料的一种特殊刺绣技艺，流传于贵州省三都县的水族、侗族当中。工艺十分独特，被列入我国非物质文化遗产名录。制作马尾绣需要先取马尾3~4根做芯，用手工将白色丝线紧密地缠绕在马尾上，使之成为类似低音琴弦的预制绣花线，然后用这种白色预制绣线盘绕缝缀围成图案轮廓，中间用彩色丝线以及各种针法填绣充满，最后装饰金线和亮片（图3-32）。用马尾丝做原材料，好处之一是马尾质地较硬，绣成图案不易变形，二是马尾不易腐败变质，经久耐用，又含有油脂成分，有利于保持光泽度。马尾绣成品具有浅浮雕感，造型抽象、概括、夸张，醒目的白色马尾线条流畅，富于动感。马尾绣工艺主要用于制作背小孩的背带、翘头绣花鞋等。

马尾绣与绞线绣的刺绣原理相同，效果类似，只是绕线使用的芯线不同，区分这两种绣法首先看颜色，马尾绣绝大多数都是绕成白色使用，而绞线绣的绣线颜色非常丰富；然后用马尾丝制作的绣线质地粗硬挺括，无法转小角度的尖角，必须依势回环旋曲，绞线绣的综线较软，而且可粗可细，能灵活弯转折叠。还可以从民族来分，在侗族、水族服饰上出现的是马尾绣，苗族服饰上出现的是绞线绣，苗族绞线绣从不使用马尾做综线的芯线。

3.拉锁子绣

拉锁子绣，即将丝线弯曲排列，再施钉针。拉锁子绣是一种传统刺绣针法，在我国不同地区不同民族中有双针绣、挽针绣、绕线绣、倒打籽、盘绣等不同叫法（图3-33）。拉锁子绣需要用一粗一细两根绣花针，大眼针穿粗线绣粗线圈，小眼针穿细线将粗线圈钉住。拉锁子绣的花线盘绕方式不止一种，有单层圆圈盘绕的，也有多层线圈层层叠压的，线纹丰富多

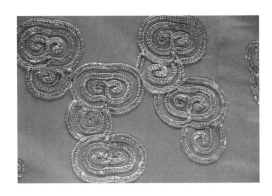

图3-30 | 钉线绣

图3-31 | 绞线绣

图3-32 | 马尾绣

图3-33 | 拉锁子绣

变。拉锁子绣的绣面整齐美观，用作花线的绣线通常比扣线粗一些，便于显花。完成之后的拉锁子绣线迹弯曲盘绕组成图案，多表现抽象概括的花卉动物纹样，有时也用于衣饰边缘的固定与美化，富有装饰趣味。

4. 盘带绣

盘带绣是以带为线的刺绣方法（图3-34）。在我国汉族和少数民族之中广泛使用。盘带绣所用的带子有两种形式：第一种是由数根丝线编织而成的窄条花带，俗称打花带；第二种是使用上过浆的面料裁45度斜条，将斜条的两侧边缘折回扣烫制成窄条盘带，以此制成的带子可以灵活盘转并不出褶皱。将花带或斜条带子按照花样盘成花型之后，再用针线钉缝固定。盘带绣既可沿着服饰边缘起装饰和加固耐磨的双重作用，也可独立形成图案。盘带绣形式独特，纹样如行云流水，同时辅以其他刺绣和装饰手法，变化十分丰富。

图3-34 ｜ 盘带绣

二、钉金绣

钉金绣是将金银线用另一根丝线钉于织物表面的绣法。出现于晚唐时期，在辽金时期得到了非常广泛的应用。

钉金绣的针法较为简单，绣线有单金、双金之别，用一根金线绣称单金绣，两根金线并在一起绣称双金绣，一般以双金为主。绣法中又有一些变化，故而钉金绣又可分为盘金绣、钉金线绣、蹙金彩绣与彩绣压金四种。

1. 盘金绣

盘金绣，又称为蹙金绣，是指全部采用捻金线以钉线绣方法盘成块状纹样的绣法，在唐代非常流行（图3-35）。

用金线、银线来绣称"二色金"，再加红金线则称"三色金"。金银线分纯金银线、棉金银线，前者由两根细如发丝的金线或银线相捻而成，主要为皇室贵族刺绣所用，称"手搓金"；后者是在棉线外裹上假金而成，多为民间所用。金银线又有圆金线、扁金线之分，线材也有不同粗细型号，绣出的图案呈现不同的薄厚对比效果。钉缝的针距十分讲究，并且可以通过变换钉线的色彩来辅助金银线表现不同颜色。在制作上，金银线可以线状排列平铺填满图案，也可盘转层叠表现鳞片羽毛，还可内衬填充物增加立体感。制作盘金绣要对每个图案所需的金线长度做到心中有数，因为在一个图案的绣制中，金线的走向转折有序，必须完整地从头盘到底，中途不能中断换线，否则前功尽弃，再高明的绣工也无法补救。

图3-35 | 盘金绣

2.钉金线绣

钉金线绣是采用捻金线或银线用钉线绣法绣成线条状纹样的绣法。这种绣法用金较少，而效果也不错，有时会采用局部的戗金绣以强调图案的主题。

3.戗金彩绣

戗金彩绣，是指间用戗金绣和彩绣完成不同纹样区域的绣法（图3-36）。

4.彩绣压金

彩绣压金，是先用彩绣绣出图案基本形状，待完成之后再用捻金线以钉线绣法勾出轮廓（图3-37）。这种绣法是用金银线圈锁纹样外形边框，在辽金时期非常流行。

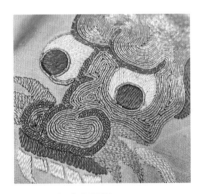 

图3-36 | 戗金彩绣　　　　　图3-37 | 彩绣压金

三、穿珠绣

穿珠绣是将颗粒状物钉在织物上，通常钉的是宝石、珍珠、珊瑚珠、琉璃珠之类，故称穿珠绣。

珠绣起源于唐朝，鼎盛于明清时期，传统珠绣虽然精致奢华，凹凸有致，但不追求光华耀眼。早期的珠绣使用细小的珍珠、珊瑚珠等昂贵材料，通常用于装饰刺绣图案的局部或组成吉祥文字，多出现在皇室贵胄的服饰用品上，并且往往只用来点缀衣饰的边缘、帽子、荷包等小面积纹样或者小件配饰，大幅的、满铺的珠绣比较少见。清代光绪年间，海外华侨返乡带来了玻璃珠点缀的服饰，才使得珠绣在民间普及。

穿珠绣的绣法有两种：一种是串钉法，先把一串珠子穿在绣线上，按图案排在织物上，然后隔一颗钉一针，就像普通的钉线绣一样（图3-38）；另一种是颗钉法，即穿一颗、钉一颗（图3-39）。

图3-38｜串钉法穿珠绣

图3-39｜颗钉法穿珠绣

当代珠绣采用的材料除空心米珠外，还拓展出珠管、人造宝石、闪光珠片等，颜色丰富，形式繁多，经过巧妙设计搭配与精湛的钉缝刺绣工艺，能够营造出耀眼夺目的视觉效果，多用于高档礼服、手袋等表演或社交服饰。

传世作品赏析——清光绪皇帝大婚时御用服装佩饰

图3-40为清代光绪皇帝大婚时御用的服装佩饰，全套共九件，包括荷包一对、烟荷包、褡裢、表套、扇套、名姓片夹、扳指套、眼镜套。这套服装佩饰底布是用明黄色的素缎面，上面串彩色米珠绣卍字、红蝠、双喜字、如意云头等，组成了完整的万福双喜如意的吉祥图案。彩色串珠绣所用的米珠包括红色珊瑚珠、白色珍珠、绛色料石珠、蓝色料石珠、绿色料石珠、紫色料石珠。米珠直径约1毫米，颗粒均匀，圆润饱满，在明黄色底料的衬托下，折射出华丽柔和的五彩光泽。米珠图案凸浮于底料表面，有很强的浮雕感。活计上用如此多的彩珠绣制丰富的图案，非常少见，因为活计的用料面积小，图案设计复杂，又是常在掌中把玩的物件，所以它的工艺难度比绣制服装更高。

这类活计在过去通常由宫中如意馆绘制图案，内务府监督造办。每年内务府制作这类活计是有定制的，不仅是皇帝大婚时作为礼品之用，每逢节令，内务府都要大量备制，作为皇帝、皇后、皇太后赏赐宗室、近臣的礼物。

图 3-40 | 清光绪皇帝大婚时御用服装佩饰（故宫博物院藏品）

四、布绣

布绣是用纺织面料作为主要材料的一种刺绣技法。布绣具体又分为堆绫绣、贴补绣、堆绣和挖云。

1.堆绫绣

堆绫绣，又称剪彩绣，贴绫绣或贴绢绣，是用各色棉布、绸、绫、缎剪成所设计的各种图案形状，精心扣回边缘毛边，托裱粘贴成装饰图案的技法。制作过程多用黏合少用针线，并在绣地与贴片之间填充丝、棉、细麻等材料，使图案具有圆润的浮雕感（图3-41）。堆绫的贴片上还会辅以刺绣、染绘、捏褶等技法，使堆绫表现的图案更加立体、更加生动逼真，即可用来装饰实用型服饰用品，也可成为纯艺术品专供欣赏，其中最具代表性的是西藏堆绫唐卡，已经独立成为一门寺院文化艺术。明清时期的大量唐卡都采用了这类绣法。其优点是省力省料，可以选用现存的织物，选用较好的色彩来表现，尤其是当题材多为人物时，直接用裁剪的织物钉上比绣出织物的花纹要省力许多倍。另一个优点是堆绫绣还较容易垫高，形成高绣的立体效果。

山东曹州定陶县的省级非物质文化遗产——曹州堆绣，就是堆绫绣的发展，在定陶流传已经有400多年的历史。题材多为花鸟、走兽、山水、虫鱼、人物，用晕色、切色、拉丝等20余种堆法，形成了浓厚的鲁西南地方风格。

图 3-41 | 堆绫项羽魏豹戏像册之魏豹形象（清光绪，故宫博物院藏品）

2.贴补绣

贴补绣，也叫贴布绣、补花，贵州少数民族称其为"剪花"，是将其他布料剪贴缝绣在绣地上的刺绣形式（图3-42）。贴补绣制作方法简单，图案以块面为主，是一种传统刺绣工艺，在古代服饰中运用较广。

制作方法是将贴布按图案以及配色要求剪出各种形状，平贴在绣面上，既可单色单层平铺，

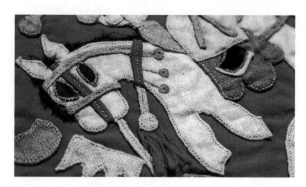

图3-42 | 贴补绣

也可多色多层叠压，各个贴片紧贴底层绣地。贴片位置确定以后，使用多种不同方法处理固定边缘。贴片边缘的处理方法多种多样，可以锁边、折边、压边等，贴片上还可以辅助刺绣、手绘等技法，整体风格朴素大方。

贴补绣不仅图案美观，简单易学，而且相比一针一线的刺绣有更加快捷省时的优点，加之能够充分利用零星碎布，所以在素来以节俭为美德的我国民间得以长久流传。山西有贴补绣肚兜，贵州有贴补百家被、背扇，惠水苗族有贴补绣蜡染裙，在不同地区不同民族之中，贴补绣呈现出极其丰富多样的变化。

贴补绣与堆绫绣的装饰技法有相似之处，历史上的文献资料当中也经常混同，有时难以清晰界定。这两者各自比较明显的特点是：贴补绣的贴片平贴绣地，更注重突出贴片边缘的固定针法；堆绫绣的各贴片组合方式以粘贴为主，针迹暗藏不外露，多数作品在贴片下面衬垫硬纸并填塞丝、棉等，使图案高起而富有立体感。

3.堆绣

堆绣，也称叠绣或叠布绣，专指苗族特有的一种手工装饰工艺。堆绣是将上过浆的轻薄丝绫面料裁剪、折叠成极精细的三角形或方形，层层堆叠于底布之上，边堆边用针线固定，组合成矩形的饰片（图3-43）。堆绣装饰的尺寸通常只有几厘米，在方寸之间可以看到层层叠叠的尖角细密规律地排列，苗族的人们以这种方式来表达对蚕丝的尊重。堆绣通过不同的配色、折叠方式与堆砌组合来呈现出千变万化的几何图形和鱼、鸟等图案，流行于黔东南施洞、翁项、朗德等地，多用于装饰领边、童帽和背扇，极富少数民族特色。

4.挖云

挖云，也叫挖花衬里，是一种挖空绣地并在底层衬垫贴补而成的刺绣技法（图3-44）。我国汉族与少数民族都采用这种装饰手法。挖云的具体方法是将绣地剪出镂空的图案，毛边用极细的绲边或锁边压线等技法美化加固成为边框，然后在绣地之下贴衬其他面料，并辅以刺绣等技法，由镂空的框内显至正面。这一系列操作具有相当的难度，挖空绣地与毛边处理都要求非常高超的手工技艺，所以导致这一传统工艺并不多见。汉族的挖云工艺精致美观，具有独特的凹凸效果，别具一格，图案多为如意纹、云纹或者蝴蝶纹，通常用在服饰的边角部位作为装饰。少数民族的挖云图案更加丰富多样，不拘一格，制作工艺相比汉族挖云也更加粗犷大气。

图3-43 ｜ 堆绣

图3-44 ｜ 挖云

五、编绣

编绣是一种类似编织的绣法，是中国刺绣针法之一。包括网绣、铺绒绣、夹锦绣、绒绣等，前面我们学习的戳纱绣、打点绣和十字桃花也都属于编绣。这些针法都适用于绣图案花纹，所以也可将它们称为图案绣。

1.网绣

网绣是将绣线在底布上以编织的形态进行交叉，将色线结成网状结构，拉成各种几何形的网格来表现图案的绣法（图3-45）。早在唐宋时期，绣品的人物衣纹中就有此绣法，清代时较为流行，特别是在小件绣品上。

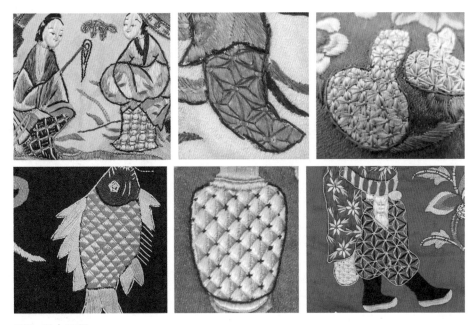

图3-45 ｜ 网绣

网绣具有独特的纹理效果，常用瓶型器物和石榴、桃子等瓜果以及鱼鳞等特效的表现。网绣常见的几何形有龟背形、三角形、菱形、方格形等，有时可以再在这些几何形内加绣其他几何形状。

2. 铺绒绣

铺绒绣，又称别绒绣。绣法类似织锦，是先用生丝或者异色绣线稀铺一层绣出底纹，然后用彩色绒线作为面线，按照预先设计的纹样有规律地与底纹垂直交叉编织，绣出几何图案的席纹（图3-46）。我国汉族和少数民族的刺绣作品都广泛采用这种针法。铺绒绣不仅绣面精细、纹理别致，还有效克服了在稍大面积上施平绣时浮线过长的缺陷，通常用于完整图样内部局部纹样的处理，如表现果实和叶片的纹理。

3. 夹锦绣

夹锦绣，是通过绣线反复重复交叉形成几何图形的内部架构，并绣满图形。用夹锦绣绣出的图案有织锦的质感，且立体感强（图3-47）。现在风靡网络的手工艺术品——手鞠球的制作技术就是在传统的夹锦绣工艺的基础上，加入现代的色彩审美与几何构图创作而成的。

4. 绒绣

绒绣，是用彩色羊毛绒线，在特制的网眼麻布上绣制出的一种工艺美术品（图3-48）。广义的绒绣是毛线织绣作品，在我国已经有2000多年的历史。西汉时期，我国毛线织物就已经从新疆流传到中原等地，当时多用来制作各种坐垫、褡裢等。将彩色毛线绣在坚硬的有网眼的布上，是在清末由英国传教士传入现在的山东烟台，并随之蓬勃发展起来。我们现在说的绒绣通常是指近代新兴的这个品类，它已经成为中国工艺美术品之一，以色彩丰富、配色和谐，绣工精良、层次清晰、造型生动、形象逼真而深受欢迎。绒绣作品按照功能主要分为艺术欣赏品和生活日用品两大类，既有沙发套、靠垫、台布、椅凳套、椅垫、壁毯等生活日用品，又包括中外名画、人物肖像等高档艺术品。

绒绣采用纤维长、拉力好、有光泽感的新西兰进口羊毛和泰国特制的进口绒绣专用纯棉网格底布。毛线共6000多种颜色，色彩丰富的绒线可以完美地展现图案的变化，以及极其微妙的色彩过渡。所以特别善于表现油画、国画、彩色摄影等艺术，将形、色、神、光相融合，使绒绣作品达到忠实原作、胜于原作的艺术效果，具有良好的观赏性和收藏性。

由于大幅绒绣作品色彩丰富而沉着，气势恢宏、雍容华贵，给人以强烈的艺术感染力，绒绣也成了诸多高档场所的装饰品。悬挂在人民大会堂香港厅的《香港维多利亚海湾夜景》

图3-46 | 铺绒绣

图3-47 | 夹锦绣

图3-48 | 绒绣局部

（图3-49）、重庆厅的《山城夜景》，中央军委八一大楼第一接见厅的《革命圣地井冈山》，毛主席纪念堂的《祖国大地》等，这些大幅作品都是绒绣。绒绣作品还多次被作为"国礼"赠送外宾。当年周恩来总理送给美国政府的绒绣作品《尼克松访华》至今还珍藏在美国加利福尼亚州的尼克松纪念馆里。绒绣的独特工艺与艺术价值得到展现。

绒绣作为我国织绣中的新秀奇葩，曾经风靡全国，到如今却已鲜为人知，绒绣艺术品的技艺已处在濒临失传的危机边缘，目前相关部门已经把绒绣列入非物质文化遗产保护品种。

图3-49 | 人民大会堂香港厅绒绣作品《香港维多利亚海湾夜景》

 思考题

1. 为什么说针法是刺绣的灵魂？

2. 散套针为什么能够成为欣赏类绣品中最常用的针法？

3. 在传统纳绣针法基础上创造的新型绣种——彩锦绣，对传统刺绣的传承与创新有什么样的启发？

4. 调查当地刺绣工艺的传承与发展现状，以及刺绣类产品的市场销售与需求情况。

第四章
缝制

课时导引： 3课时

教学目的： 了解传统缝制工艺的针法，以及传统缘饰工艺的历史演变、工艺种类、工艺特点及艺术特征、与服装之间的关系，感受我国传统缘饰工艺的独特魅力。

教学重点： 中国传统缘饰的工艺特点，镶嵌绲宕盘的工艺方法。

自主学习： 不同民族在各个时期缘饰的工艺方法及艺术风格。

第一节 缝制概述

一、缝制分类

中国传统服饰几千年来形制基本稳定，服装在造型上强调对称、统一和均衡，结构简单，不注重表现人体曲线。服装追求超出形体的精神意蕴，穿着时给人以含蓄庄重之美，运用在其中的传统缝制工艺让结构造型简练的传统服装呈现出丰富多彩的风格，含蓄地表达着中国人民的生活态度和审美意识。

传统缝制工艺是指区别于机械缝制，采用手工制作的缝制技术。构成服装美感的主要元素除了服装廓型、面料和色彩，缝制工艺也是不可或缺的条件。缝制工艺按照形式的不同，主要分为两大类：一是构成成衣结构的缝合工艺，二是美化成衣的装饰工艺。因我国传统服饰通常较宽大，且结构为二维的，服装的结构线条多为直线，衣片之间的缝合工艺相对来说比较容易。精湛的缝制工艺主要表现在细节的装饰上，因为装饰部位主要是在领子、袖口、前门襟、衣片下摆和两侧开衩等边缘，所以也叫缘边装饰，简称缘饰。与西方国家以服装的结构造型表达审美诉求不同，中国传统服饰的主要特征是装饰工艺的精雕细琢。

二、传统手缝针法技艺

1. 缝合工艺概述

传统手缝工艺是服装缝制工艺的基础，包含着手艺人的精神内涵，具有节奏美和质朴美，是我国民族文化特质的流露，在我国传统服装制作中有着悠久的历史和不可替代的地位。但随着科技的发展，精工细作的传统手缝工艺由于效率低下，已基本被缝纫机所取代。然而，传统手缝工艺中的手针工艺是中式服装缝制的基础工艺，能够产生无可替代的技术美感，其精湛的传统服装制作工艺技能，不但能使制成的服装平整、细腻、手感好，而且可以呈现与众不同的艺术效果。在机械化普及的今天，手工缝制已成为一种奢侈，只在一些追求品质的高档服装中使用。

2. 手针针法分类

最基本的手缝针法包括平缝针、回针、三角针和缲针等。

（1）平缝针：又称跑针，平针是手针工艺中最基本的针法，使用率极高，常用于合缝、装饰点缀等。

（2）回针：也称倒钩针，回针针法具有较好的稳定性能，常用于需加固部位面料的缝合和拼接，如裤裆、领圈等容易拉伸的弧线部位。与回针针法相似的有半回针、倒扎针。

（3）三角针：也称花绷针，常用于卷边部位的固定、背衬材料的缝合，也可用作装饰。

（4）套结针：常用于服装开衩和封口部位的加固。

（5）斜扎针：多用于固定服装边缘部位贴边等。

（6）缲针：也称缭针，分为明缲针和暗缲针两种，明缲针又称扳针，暗缲针又称暗针，常用于服装的贴边等处。

（7）拱针：又称星点针，线迹隐藏在面料内，正面针迹排列整齐，较细短，针距可根据工艺需求调整，自右向左，循环往复，常用于衣片的边缘，有装饰效果，也可加固衣缝。

（8）拉线襻：常用于衣服下摆缝处活面与活里的连接。

（9）锁边针：也称锁针、包边针。此针法常用于修饰布料布边，防止毛边松散，锁边针可以有多种变化形式。

（10）绗缝针：是中国传统手针工艺的基本针法之一，此针法用于填充物与面里的固定，或多层织物的临时固定等。

（11）贯针：线迹在衣缝处，用于两片的缝合，衣料正面不露针迹。缝制时注意上下两层松紧适宜，不涟不涌，缝线顺直。

第二节　服装缘饰工艺概述

一、概念

服装装饰工艺是指在服装制作过程中，除衣片间的组合缝制外，加在服装上的装饰性缝制，如镶绲、刺绣等用于装饰服装的缝制工艺技法。服装缘饰工艺是服装装饰工艺中通过采用各色条状布或花边等来镶绲服装的底摆、门襟、领子、袖口等衣服边缘的装饰手法。装饰材料可以为单条或多条材质、颜色不同的布条组合而成。关于缘饰，《辞海》："缘饰者，譬之于衣加纯缘者。"我国传统服饰以施缘为常例，无缘之衣称为裋褐或作为内衣穿着。《说文》中记载："褛，无缘。"《方言》卷四明确指出："以布而无缘，敝而纻之，谓之褴褛……无缘之衣，谓之褴。"说明缘饰是传统服饰的重要组成部分，在我国的传统服饰文化中占据着重要位置。

二、缘饰的形成和发展

据史料记载，在黄帝尧舜时期衣裳开始出现，缘饰随着服饰的出现和服饰制度的建立逐渐产生和发展起来。缘饰工艺产生于商周时期，历经各个朝代的发展，在清朝达到顶峰，民国时期走向消亡，现在又重新回归到人们日常的生活中。朝代的变革、生产技术的进步、文化的发展和审美的变化等，在缘饰的发展过程中留下深深的时代烙印。

1.先秦时期

缘饰可以追溯到秦朝建立之前的先秦时期，先秦包括夏、商、西周、春秋和战国五个时期，这一时期确立了深衣制和上衣下裳制的基本服装形制。在出土的文物中，河南安阳殷墟妇好墓中出土的用来刻画墓主人生前形象的玉人，其身上穿着交领袍，交领右衽，领口和下摆有异色宽缘装饰，无纹饰，可清晰地看到腰间系有形似斧口的韨，为权力的象征，是目前有据可考的最早的服装缘边装饰（图4-1）。从文字记载上，据记录周代礼俗、服饰和制度等的《礼仪服饰考辨》中记载："端衣衣体是以宽二尺二寸，长四尺四寸之布对折合缝而成，对襟，有腰有衽。端衣衣领为方领，领边各宽四寸，祛为衣袖口，与袂相连，长度短，端衣祛长一尺二寸，大夫以上一尺八寸，有缘饰，端衣祛口有其他色彩作为边饰，自祛外包向祛内，共宽三寸，正面一寸半。""端衣"即为上衣，春秋战国时期，有文献记载贵族男女衣着"衣作绣，锦为缘"，意即用锦做衣服的缘边装饰。

江陵马山楚墓出土的战国中晚期袍服均为上下分裁的交领直裾袍，其中五件外穿的袍服在领、衣襟、袖口和下摆部位均有宽的缘边，且都采用直纱（图4-2）。缘边材料以锦和绦为主，锦是古代一种多彩提花织物，色彩绚丽，具有较强的装饰效果。锦属厚重织物，耐磨损，多用于以绮罗等薄质面料做服装的缘边装饰，也能起骨架作用，具有实用功能。墓中出土物品除了服饰实物外，还有两种可用于做缘饰的绦带：一种为纬线起花绦带，宽度正好适用于衣领部位的缘边；另一种为针织绦带，是我国发现年代最早的针织织物，多用在衣片的拼缝处作为装饰。

图4-1 | 商代河南安阳殷墟出土的贵族玉人

图4-2 | 战国中晚期江陵马山一号楚墓出土的素纱绵袍

2.秦汉时期

秦汉时期，承袭和发展了先秦时期的服饰制度，汉朝确立了最早《舆服志》，在衣冠制度方面建立各有等序的规定，约束人们的行为。《舆服志》中对服装包括缘边的材质、色彩和纹样等有了明确的规定。汉朝著录《释名·释衣服》中对缘边的描述有"妇人以绛衣作为裳，上下连，四起施缘，亦曰袍"的记载。意为妇女穿着的上下连属的衣裳为袍服，在领、襟、袖及裾四个部位饰缘。马王堆出土木俑身着交领曲裾袍，缘边较宽，交领领缘向下延伸，连同襟缘缠绕身体多圈，呈现出层层叠叠的装饰效果（图4-3）。

从汉代开始，袍服的制作工艺日益考究，装饰也日臻精美。《后汉书·舆服志》中记载："公主、贵人、妃以上，嫁娶得服锦绮罗縠缯，采十二色，重缘袍。"普通妇女婚嫁时所穿服装形制与此相同，但色彩和装饰有所区别。

从西汉长沙马王堆出土服饰实物来看，服装形制主要为交领右衽，直裾（图4-4）或曲裾（图4-5）。衣长及地，缘边除了面料与衣身不同之外，宽缘边是其显著的特征，宽缘边为服装面料长度和

图4-3 | 西汉马王堆汉墓出土的木俑

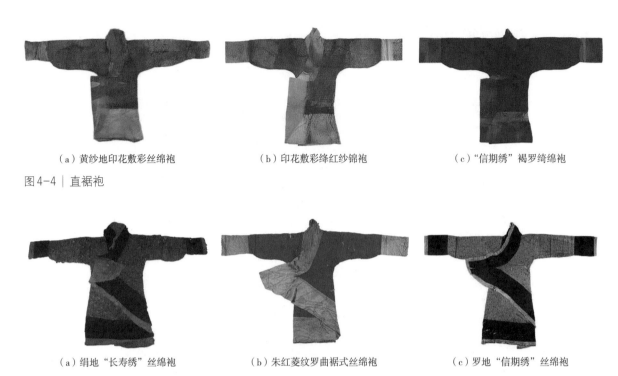

（a）黄纱地印花敷彩丝绵袍　　　　　　（b）印花敷彩绛红纱锦袍　　　　　　　（c）"信期绣"褐罗绮绵袍

图4-4｜直裾袍

（a）绢地"长寿绣"丝绵袍　　　　　　（b）朱红菱纹罗曲裾式丝绵袍　　　　　　（c）罗地"信期绣"丝绵袍

图4-5｜曲裾袍

宽度的延伸，起到拼接的作用（表4-1）。直裾袍中下摆的缘边最宽，近40厘米。领襟缘边宽度稍窄，约20厘米。袖缘宽度介于下摆与领襟之间，其中黄纱地印花敷彩丝绵袍的袖缘宽度大于摆缘；曲裾袍中有两件为窄边与宽边的结合，形成缘边的宽度层次变化。其中，罗地"信期绣"丝绵曲裾袍下裳和缘边均采用了直纱面料斜拼的方式，直纱方向可以保证面料的稳定性，斜拼充分利用了面料斜纱特性，可以使服装在拼接部位有一定的弹性，体现了古人对面料性能把控的智慧。

表4-1　湖南省长沙市马王堆一号汉墓缘边尺寸

类型	服饰名称	领缘宽度	袖缘宽度	摆缘宽度
直裾袍	黄纱地印花敷彩丝绵袍	20	44	37
	印花敷彩绛红纱锦袍	18	29	38
	"信期绣"褐罗绮绵袍	20	30	38
曲裾袍	绢地"长寿绣"丝绵袍	15+5	20+6	24+6
	朱红菱纹罗曲裾式丝绵袍	21	35	29
	罗地"信期绣"丝绵袍	18+5	28+5	23+5

3.魏晋南北朝时期

南北朝时期的战争和迁徙，使得中原和北方少数民族之间文化相互交融，同时在佛教和各思想文化开放的影响下，人们追求自然飘逸，汉族服饰发生了明显的变化。袍服被不受约束的衫取代，袍的衣领多为交领，加里子较厚重，袖子宽大，袖端收祛，衫的款式以直襟为主，袖身宽大呈垂直型，袖口不收祛，衣身为单层，轻薄。衫的穿着方式也比较随意舒适，衣襟可用带子系起，也可不系，自然敞开。褒衣博带、宽衫大袖成为当时社会各界人士的时尚穿着，从出土的人物图像和绘画作品中，可以看出当时的着装形象（图4-6）。

图4-6｜东晋顾恺之《洛神赋图》局部

缘边位置为领、襟、袖及下摆等部位。衫无里子，衣料边缘须通过缘边使其整齐，领部与腰部缘边纱向均为直纱，起到固定服装造型和勾画轮廓的作用。这一时期服装的缘边较秦汉时变窄，宽4～5厘米，有的加彩绘装饰，纹饰题材以花卉为主。

4.唐朝

唐朝时期积极采取对外开放政策，使得唐朝的政治、经济和文化得到全面繁荣发展。与周边各国的交流以及佛教文化的空前发展，造就了唐代独特的服饰风格，服饰文化进入一个高峰时期。

唐朝前期为传统的交领式袍衫，随着胡汉交融的深入，具有胡服因素的圆领袍和翻领袍逐渐被广泛穿着，其中圆领袍取代交领袍被纳为官员官服体系，并成为宋、元、明三个朝代男性的主要服式。与汉代男子袍衫除了领口不同，汉代袍衫衣袖宽大且袖端有祛口，唐代的袍衫则窄身窄袖，袖口无祛。为了符合古代深衣的形制，降低胡服因素，官服需在袍衫上施横襕。领部缘边采用与衣身同质同色的双层面料，领缘较窄，为1～3.5厘米的斜丝长条，制作时先将其归拔至与领圈同弧度，再与领圈缝制。领缘为衣身领口的延伸，加固领口。袖口、襟和下摆等部位，有里的袍服不做缘边，无里的衫则做内贴边（图4-7）。

唐朝缘边的纹样和材质都有了长足发展。这一时期对外来纹样吸收包容并推陈出新，纹样呈现出华美、繁复的特征，开启了新风尚。在装饰手法上，运用金彩纹绘或刺绣工艺。在缘饰材料上，唐代的织造技术更加精湛，六朝以前织锦主要为经线起花，称为经锦，隋唐发展为纬线起花，称为纬锦。纬锦是由两组或以上的纬线与一组经线交织而成，比经锦织造工艺复杂，可突破经锦织造上的限制，织造出繁复的色泽和复杂的纹样。织造方法有本色、织金和妆花等。

图4-7 | 唐代圆领袍

5.宋朝

受程朱理学影响，宋代服饰风格简洁素雅，以清瘦为美，比较注重服装的面料、色彩、图案和配饰之间的协调搭配。宋朝时期褙子开始流行，其形制为对直领襟，两侧高开裾。袖有窄袖和广袖，窄袖常在日常生活中穿用，平民、侍女多采用窄袖，广袖为贵族妇女正式场合穿着的服饰。衣长从臀部至脚踝处不等，襟部多无纽带，穿着时两襟敞开（图4-8）。褙子产生于隋唐，流行于宋代，男女皆可穿用。女子所穿的褙子可在外作罩衣，男子所穿的褙子只是当作便服或内衣。宋朝开国之初推崇素净清秀之美，褙子缘边多在领襟部位。南宋时期政治、经济趋于稳定，手工业和织造业也随之发展，缘边逐渐在开裾、下摆和袖口等部位出现，装饰手法也丰富起来。江西德安南宋周氏墓出土的素罗褙子，形制为直领对襟、窄袖，衣长至膝下，两侧开裾高约64厘米，衣身面料为深褐色素罗，在领、襟和袖口部位镶有浅黄色缘边，与面料同质异色，宽约6厘米，领口处缝宽1厘米的素罗窄边（图4-9）。

图4-8 | 南宋"瑶台步月"册页中身
着褙子的仕女

图4-9 | 南宋周氏墓素罗褙子

福州南宋黄昇墓出土了多件褙子，有广袖和窄袖两种（图4-10），形制均为直领对襟开衩，襟上无纽襻或系带。领、襟、袖口、下摆和开衩部位均施有缘边，其缘边纹样华丽，襟缘、开衩、下摆处多印金填彩、彩绘镶边，袖口为素色。广袖装饰较窄袖奢华，后中破缝线和袖接缝线处都缘有与领襟同质等宽的印金缘边，服装整体奢华富丽，反映了南宋时期服饰纹样、印金工艺及染织技术的高超技术。

窄袖褙子　　　　　　　　　烟色罗广袖袍

图4-10 | 南宋黄昇墓出土褙子

从这一时期出土袍衫尺寸可以看出（表4-2），缘边窄而修长，符合这个时期人物清瘦秀丽的着装效果。缘饰材质以绢、罗为多，男子服饰缘边以素色为主，女子服饰的缘边有素色、彩绘和印金填彩等。

表4-2　南宋黄昇墓出土袍衫尺寸表

名称	身长前/后	袖长	袖宽	袖口宽	袖缘宽花边/素边	下摆宽前襟/后襟	下摆边宽	小襟边宽	大襟边宽	领缘宽
紫灰色经纱镶花边窄袖袍	123/125	147	25	28	4	57/59	4	1.2	4	2
褐黄色罗镶花边广袖袍	120/121	182	69	68	2	60/61	2	1.6	1.8	2
黄褐色罗镶花边广袖袍	118/118	158	72	70	1.5	60/62	1.5	1.5	1.5	—
黄褐色罗镶花边窄袖袍	131/131	134	22	25	1.8	55/59	1.8	1.3	2	2.5
烟色罗广袖袍	115/115	159	70	70	0.3	55/57	1.5	—	4	—
褐黄色罗镶花边窄袖袍	123/123	145	23	26	2	54/61	2	1.3	2	2.5
浅褐色罗镶花边广袖袍	122/122	146	72	69	1.5	59/63	1.5	1.5	1.5	3
褐色罗镶花边广袖袍	121/121	160	66	75	1.5	59/63	1.5	1.6	1.8	3
褐色暗花罗镶花边窄袖袍	112/112	130	21	23	2	57/58	2	1.3	2	2

6.明朝

为整顿恢复汉族服饰礼制，明代开国皇帝朱元璋于洪武元年颁布诏书，对服装形制进行规定，上采周汉，下取唐宋，不得服两截胡衣，摒弃元代胡服的元素。明代服饰恢复传统形式，袍服"宽袖大袂"，以宽缘边装饰。《事物绀珠》中对明朝朝服的记载："朝服，绛色青缘，上衣下裳。"山东博物馆收藏的孔府旧藏赤罗朝服形制与文中描述一致，上衣下裳，上衣的领、襟、袖、下摆和下裳的侧边、底摆处均用四寸宽（约15厘米）的青罗镶边（图4-11）。男士袍、衫通常以深色缘边为主，皂色或蓝色，材质与服装面料相匹配，采用布、绢或纱。女士服装缘边丰富多样，缘边可加刺绣等装饰。这一时期织造工艺的成熟，如织金、缂丝、妆花等技艺已达超高水平，为缘边材料提供了丰富的选择。明代缘边装饰较以往形式丰富，主要体现在以下几个方面：一是出现了镶绲结合。图4-12中孔府旧藏月白色如意云纹纱比甲，圆领对襟，左右开裾，领缘宽2.5厘米，对襟镶红色直纱绲白绢边，袖口内镶白绢贴边。二是缘边材质的多样化。极细的金银线用来缘边，是明代的一大特色，孔府旧藏中有多件服装用金线缘边，如图4-13中的孔府旧藏蓝色暗花纱女长袄，在领、斜襟处镶金边。明嘉靖后期在扬州地区冬季流行毛皮镶边："女衫长二尺八寸，袖子宽一尺二寸，外护袖镶锦绣，冬季镶貂狐皮。"

图4-11 | 明代孔府旧藏赤罗朝服

图4-12 | 明代孔府旧藏月白色如意云纹纱比甲

图4-13 | 明代孔府旧藏蓝色暗花纱女长袄

7.清朝

清朝建立后，对传统服制进行了变革，将满族便于骑射的服饰元素融入中国传统服饰中，形成新的服饰风格。清代初期服饰简约质朴，清代中期随着经济的发展，社会逐渐兴起奢侈之风，人们生活由简到奢，服饰逐渐向奢华考究演变。主要表现为：一是服饰材质奢华，人们追求绫罗绸缎和皮毛等昂贵的面料，以穿棉麻之类的粗布为耻；二是装饰逐渐繁复精美，由于男从女不从的政策，汉族妇女的日常装在清早期与明晚期相似，道光时期以前缘边数量和制作工艺都比较简单，缘饰主要在领、襟和袖口等易磨损或脱纱部位，除实用功能外，也兼具装饰性。到同治、光绪时期，服装种类增多，装饰和工艺开始趋向繁复。丝织业以及刺绣业的发展，也为服装的缘饰发展提供了物质条件。晚清时期，女装缘饰达到了精致华丽的巅峰，主要有以下四个特点：

第一，镶嵌绲宕盘被广泛应用，且工艺手法精湛，制作精良，式样美观别致。清中晚期服装的制作技术和装饰技艺都达到了高超的工艺水平。清代女子服装的镶绲装饰运用工艺复杂、形式多样的程度甚至超过服装制作本身，如袖口装饰除了沿袖口镶绲外，为了增加袖口的华丽，又出现了挽袖镶边和套袖镶边两种形式。挽袖镶边是在袖口加接一道镶边衣袖，长度过手半尺左右，衣袖正面朝里，穿着时挽起，精美纹饰呈现于外（图4-14）；套袖镶边是从袖根部位接出多层不同颜色纹样的镶边衣袖，衣袖内外层层相叠，增加了服装的层次感和华丽效果（图4-15）。

图4-14｜桃红色绣蝶花饰边挽袖单氅衣　　　图4-15｜绿纱绣折枝梅金团寿衬衣

第二，装饰层次的增多。缘边在领、袖、衣襟和下摆部位都有多重装饰，且道数以多为美，有三镶三绲、五镶五绲，甚至到传说中的"十八镶绲"。过多的镶边使服装出现了镶边为主，地子为辅的现象，有的女装的缘饰面积占服装面积的六成，在《训俗条约》中记载："妇女衣裙有琵琶襟、大襟、对襟、白桐、满花、印花等形样。镶滚之费更甚，有所谓白旗边、金白鬼子栏杆、牡丹带、盘金间绣等名色。一衫一裙，镶滚之费加倍，衣身居十之六，镶条居十之四，一衣仅有六分绫绸，新时离奇，变色以后很难拆改……"可见当时镶绲之繁复，造型手法主要为元素的堆砌与重复。到了清末，妇女服饰的装饰材料变得更加丰富，在各种缘饰材料中，真丝缎因为光泽度好且适合做弯曲造型，使用率最高，基本每件服装的最外层缘饰均为宽的绸缎斜条。随着"西洋货"的传入，机织花边和一些贴花慢慢取代了手工刺绣。

第三，装饰图案题材丰富，造型复杂多样。缘饰富于变化、多姿多彩，给人以强烈的视觉冲击。缘饰在图案上除了传统的吉祥纹样和抽象的二方连续图案，还有各种自然植物、花卉纹样和动物图案。造型上，如意云头式样的宽镶边在服装上被广泛应用，从平民到宫廷均有穿用，只是在材料、制作工艺和装饰上有所不同。如意云头由云纹演变而来，最初只在领口有如意云头装饰，为了与之呼应，腋下、衣襟等部位也逐渐出现。晚清汉族广袖蓝缎女袄中衣襟、两裾镶粉缎如意云头宽缘，做工精良，配色考究，提亮了服装整体色彩，勾画出服装的外轮廓，使轮廓线条简洁大气、形式感极强（图4-16）。

第四，斜丝纱向缘边的广泛使用。绲边工艺在清朝中晚期开始在服装中大量出现，且包绲位置多为弧形，斜丝具有良好的可塑性，在制作过程中易与衣身服帖，满足所需的细致流畅的造型。除了绲边，在一些弧形部位，如下摆、领部和马褂袖窿的镶、嵌、宕等工艺都开始采用斜丝方向。普通平直袖口仍采用直丝，在弧形马蹄袖中则为斜丝缘边，说明清代对面料性能已经有较高的认知。

8.近现代

民国时期，社会格局动荡，西方服饰文化传入，传统服饰形态也逐渐从生活中退却，各式新潮打扮蔚然成风。旗袍造型结构受西方服饰影响，由宽松的平面造型逐渐变为合体的立体造型，强调女性人体曲线，称为改良旗袍。服饰风格整体趋于朴实素雅，降低了对同种装饰元素繁复堆叠使用，由复杂向简单方向发展，过去展现裁缝高超技艺的"十八镶绲"渐趋消失。宽镶边与阑干逐渐过时，简洁的绲边成为边缘常见的处理方式。旗袍最初在领口、衣襟、开衩和下摆部位缘一两道窄边，后来逐渐发展为流行极窄的细绲边，因宽度与线香相似，又称线香或细香绲，工艺要求极高，延续了清代精湛的制作工艺。除此之外，扣合服装衣襟的盘花扣成为装饰一大亮点。装饰的位置也出现简化，很多女装上衣的缘饰仅保留了立领和下摆的绲边，衣襟和袖口的缘饰都消失了（图4-17）。裙子的款式也发生了巨大的变化，流行几百年围系而穿的马面裙逐渐退出历史舞台，取而代之的是西方流行的简洁套穿裙，马面上的装饰也随之消失，只在裙摆处施以简单的绲边或刺绣装饰。

图4-16 | 晚清汉族广袖蓝缎女袄

图4-17 | 民国黑缎镶蕾丝边女筒裙

20世纪三四十年代是旗袍艺术发展的巅峰，旗袍中采用省道，追求结构上服装与身体的完美契合，成为女性追捧的对象。旗袍式样和装饰风格不断推陈出新，制作工艺较之前有了明显的进步，装饰风格自然、细腻，这一时期的旗袍成为后世旗袍的典范。20世纪20年代末30年代初流行细如线香的窄绲边，称为"细香绲"。1931年后受复古风潮的影响，出现装饰有多层镶绲装饰的旗袍，缘饰材料除了绸缎外，蕾丝等机织花边也较为常见。20世纪30年代末，受战争影响旗袍款式回归简约，缘饰数量逐渐减少，宽度变窄，"细香绲"重新流行起来。盘花扣的实用功能逐渐被西方引入的拉链、暗扣取代，成为钉在外面的装饰品。这一时期的盘花扣的花式较为简洁大方。

民国末期，随着现代审美的形成和生活方式的改变，服装款式经历了变革，服装缘饰也由弱化直到逐渐消失，终于走向了平静。

9.小结

明代及以前的贵族服饰中多为锦、绢、罗等与衣身异色的丝织物，以单一色彩居多，色彩与衣身面料相协调，图案以二方连续的几何纹样为主，缘饰面料纱向基本采用直丝。清代服饰中的缘边材质大多为缎类，与衣身颜色相近或相异，有的绣以精美的图案，面料纱向基本采用斜丝。清中后期机织花边被广泛应用。通过不同颜色、宽窄、质地、纹样的缘边，搭配出不同的造型，使衣身上缘边装饰比衣身面料都要厚重。民国时期的缘边装饰简化，多是通过斜丝长条、绦边、机织蕾丝花边等制作。清中晚期繁缛的装饰在民国时期退出历史舞台，但是精湛的装饰技艺对于之后的服饰发展依然有积极的意义，如绲边和盘扣工艺在民国旗袍、女衫中的运用。

三、服装缘饰的功能

1.缘饰的实用功能

传统服装的缘边装饰作为服装工艺的一部分，是基于实用功能的需求而产生的。具体表现在以下四点：

（1）缘边对服饰的保护作用。上层阶级服装的面料材质多为真丝，衣料极易破损，对清洗保养的要求比较高。服装的领口、袖口、衣襟和下摆等边缘位置易磨损，对这些部位进行包边处理，可以起到加固防磨的作用。同时，因为领口、袖口和衣襟等边缘位置在穿着过程中极易产生污损，面料材质为丝绸类且上面多刺绣装饰的服装，不耐水洗，仅对缘边进行更换，可以在最低成本下保持服饰外观性能，延长穿着使用时间。在北京服装学院的晚清民间服饰藏品中，发现有的服装缘边处有拆缝痕迹，研究者推测为穿用期间缘边因磨损或脏污拆下更换所致。此方法可使服装因为更新缘边有了新貌，既节约衣料，也可减少人工成本。例如，在明朝时交领领缘上用白色面料做的护领，可拆卸替换，用以保持衣领的清洁，防止磨损。

（2）缘饰是处理服装毛边的手法。使用绲边工艺可以使布边不脱纱，平整干净。在弧度比较大的部位如领窝等，如果直接采用面料向反面扣烫翻转的方式处理毛边，很难做平服。用绲边的工艺方法可以将这些部位毛边包裹起来，使边缘光洁美观。清代出现的如意云头装饰，边缘采用绲边工艺，使边缘光洁（图4-18）。

（3）缘饰在服装的结构上起到拼合的作用。受传统纺织机械和工艺限制，织成的面料幅宽比较窄，一般在50~60厘米。中国传统服装造型基本都比较宽大，在裁剪时一个幅宽的面料无法满足服装的宽度要求，所以需在后中、袖缝、大襟、底摆等部位采用拼接或贴补等工艺处理，缘边此时起到了拼接的作用。长沙马王堆汉墓出土的西汉直裾袍和曲裾袍中宽大的缘边，在装饰服装的同时，起到了拼接的作用。

图4-18 | 如意云头镶边

（4）缘饰对服装的塑形作用。我国传统服饰材料经常使用轻薄飘逸的丝绸类，缘饰用的面料多为织锦，华丽厚实的织锦缘边不仅增加服饰美感，还可以起到勾勒服装骨架，增加服装垂度的作用，使服装在穿着时外观平整，整体轮廓稳定不易变形。

2.缘边的装饰性

虽然服装缘边的初衷是实用性，但是经过几千年的发展，女装缘饰的装饰目的已经超过了它的实用性。

（1）用色彩点缀服装。缘边装饰可以通过不同的色彩，增加服装色彩的层次，对服装起到点缀、美化和衬托的作用。对比色的使用可以增强服装色彩的冲突，能表现出特殊的视觉平衡，给人带来愉悦感；同类色缘饰的色彩取自服装主体面料或者图案的颜色，可以使服装整体色彩和谐统一。

（2）图案造型，塑造服装美感，增加审美情趣。运用镂空与镶绲相结合的手法制作精美的图案，装饰在边角部位，增加服装的视觉层次。造型丰富的缘饰使结构相似款式雷同的服装变得多姿多彩，在审美情趣上赋予其更为广阔的空间。

（3）用纹样传递寓意。缘饰纹样蕴含着丰富的中国吉祥文化元素和美学观念，传达出丰富的文化内涵。吉祥纹样在商周时期发展起来，明清时期达到顶峰。明清时，几乎图必有意，意必吉祥。吉祥纹样表达的祈愿主要有福、禄、寿、喜、财五方面的内容，表达了人们对理想生活的向往和憧憬。纹样的内容十分丰富，取材于生活中常见的鸟兽鱼虫、植物花果、文字符号和几何图形等，用图案化的形式表现出来。吉祥纹样通过谐音、象征和文字表达三种方式，赋予纹样特定的寓意。象征是吉祥纹样中最常见的方式，是根据事物本身的形态、属性和功用等特点加以引申代表某种寓意。例如，以牡丹象征富贵，冬夏常青象征人的长生不老等。谐音是利用汉字读音的相同或相近表达吉祥的寓意，汉字因其自身特点，谐音的利用较为广泛。例如，葫芦谐音"福禄"，瓶谐"平"表示"平安"，桂花谐"贵"等。文字表达是直接用具有吉祥寓意的汉字作为纹样装饰于服装，常用的字有福、寿、喜、卐等。这种手法最早运用于汉锦，在明清时期得到空前发展。为了使文字具有更高的装饰性，人们通常会对文字进行艺术加工，如"寿"字的运用极为丰富，有300多种图形，常见的有长形的"长寿"和圆形的"团寿"两种变体，也有用多种字体来表示，如"百寿图"。

3.缘饰的社会属性

《周易·系辞下》中记载："黄帝、尧、舜垂衣裳而天下治，盖取诸乾坤"。传统服饰最初只具备蔽体保暖功能，到原始社会末期逐渐发展为需遵循一定规则和秩序来祭祀天地鬼神、有象征意义的服饰，服饰功能与内涵逐渐扩展与变化，传统服饰被赋予了政治色彩。受社会等级制度和文化影响，作为服装形态的一部分，缘饰所使用的材料、色彩和图案等需遵循一定的社会制度和规则，体现了穿着者的身份地位和社会等级。同时，缘饰的材料工艺和品种也反映了社会经济和技术的发展水平，具有社会属性。

《后汉书·舆服志》中记载："祀宗庙诸祀……皆服构玄，绛缘领袖为中衣，绛藁蒙，示其赤心奉神也。"绛为深红色，意即为表示对祖先和神明的尊重与虔诚，祭祀时必须穿着领口、袖口镶有深红色缘饰的中衣和黑色的外衣。唐朝《新唐书·车服志》中对朝服的记载："具服者，五品以上陪祭、朝飨、拜表、大事之服也，亦曰朝服……黑领、袖……"礼制中规定五品以上官阶所着朝服方可使用黑色缘边。服装制度对衣身面料色彩的规定十分严格，不可轻易僭越。

女子婚礼服饰的缘饰在东汉时期也有详细规定，突出身份地位的尊卑。《后汉书·舆服志》中记载："公主、贵人、妃以上，嫁娶得服锦绮罗縠缯，采十二色，重缘袍。特进、列侯以上锦缯，采十二色。六百石以上重练，采九色，禁丹紫绀。三百石以上五色采，青绛黄红绿。二百石以上四采，青黄红绿。贾人，缃缥而已。"

清朝时期，宫廷内旗袍上的缘饰有着严格规定，缘饰的图案、色彩、面积、工艺的复杂及精细程度要跟身份地位相匹配，一些珍贵的高级材料如石青片金缘、海龙缘等的使用有严格限制。

而有些服装按形制明确规定不能施缘，如囚服和丧服。《荀子·正论》中记载："治古无肉刑，而有象刑……杀，赭衣而不纯。""赭衣"意为囚衣，纯为缘边，囚衣不能缘边，通过缘饰区别囚犯身份。丧服也是不能施缘的服饰，商周时期通过服装的材质和边缘处理用于区分丧服的品类，通常以生麻布为衣料，衣缘部分采用毛边。有缘边的丧服称为长衣，衣服缘边采用素色的面料。古有记载深衣"纯之以采"，长衣为"纯之以素"。《历代风俗事物考》有"观衣裳缘饰即知父母存否"的考证。

由此可见，缘饰随着服装一起被打上了社会烙印，能够体现穿着者的阶级属性和社会地位。缘饰在物质属性之上具有特定的符号象征，成为封建社会森严的等级制度的缩影。

四、缘饰的材料分类

1.缘饰材料的选用原则

相对于衣服的主体面料，女装缘饰所采用材料的选择范围更加宽泛。在选择缘饰材料时要有几个原则：第一，想要使衣边更加结实耐用，缘饰材料的选择须有一定强度。第二，缘饰材料需要有较好的可塑性。缘边装饰部位有较多弧度造型，如领口、袖窿等，为使缘边能服帖平整，缘边材料在制作时一般采用弹性好的斜丝，在做各种弯度的造型时能比较服帖。采用没有弹性的绲边时，不影响外观的情况下可将绲边打一些小褶，以达到弯曲的目的。第三，缘饰材料须与服装主体面料色彩、材质、厚度等相匹配。服装类别、面料材质、服装穿着场合及缘边造型等方面均会对缘边材料的选择产生影响。例如，服装主体面料轻薄，缘边则一般选择轻薄的材质。缘饰还需要适应不同季节衣服厚度的变化，冬季服装缘饰材料一般选择毛、皮等。

2.缘边按材质分类

缘饰材料按材质不同，可以概括为以下几类：

（1）丝织品。丝织品种类很多，其中锦为多彩提花织物，既纹彩华丽，富于装饰效果，又比较厚重耐磨损，在产生之初便被用做服装缘边的材料。除此之外，也有用缎类、纱类、绒类作为襟边缘饰的材质。明代及以前的贵族服饰中多为锦、绢、罗等与衣身异色的丝织物，清代则多采用缎类。

（2）棉麻织物。棉麻织物具有成本低并结实耐磨的特点，是平民百姓日常服装缘饰主要采用的面料。

（3）绦边。绦在《说文·系部》中记载为"扁绪"，也称"偏诸"。如《汉书·贾谊传》中"今民卖僮者，为之绣衣丝履偏诸缘"。绦最初是用丝编织成的花边或扁平的带子，主要用作服饰的边缘装饰或系绳。战国时期江陵马山楚墓中出土了目前最早的绦边实物，为简单的素色绦带，西汉初期出现多色的提花绦带。清代晚期出现了花样丰富的机织绦带，也称"阑干"，常在绸缎行成卷出售。机织绦带因价格便宜使用方便而广受欢迎，是"十八镶绲"中的重要材料，光绪年间有首诗里说："女袄无分皮与棉，宝蓝洋绉色新鲜，磨盘镶领圆明月，鬼子阑干遍体沿。"绦边在各种服装和配件中被大量使用，有的还要镶多道绦边。

（4）花边。清朝后期欧洲的花边技术通过传教士传入中国，因造型美观装饰效果好，且价格相对刺绣便宜，受到清末民初女性的青睐，20世纪30年代也出现大量以蕾丝花边和人造丝花边为装饰的旗袍。图4-19是北京服装学院服饰博物馆馆藏的民国时期用花边装饰的旗袍。对于花边用于妇女服饰装饰在《申报》中记载："花边与刺绣系相依为用之品，如妇女帽边刺绣后镶以花边，袍衫之领袖、胸前及裙裤下端刺绣后亦镶以花边，各种之杯盘垫枕衣亦有于刺绣后镶以花边者。"

图4-19 | 肉粉色提花绸镶蕾丝短袖夹旗袍

（5）毛皮。毛皮作为缘边出现在明代，在清代时较多使用。毛皮作为缘饰有两种形式：一种是翻毛皮边，是将毛皮外翻或裁成长条镶于服装边缘，这种制作方式皮毛外露的面积大，显得华贵富丽。另一种是出锋，是将皮板缝于衣里，毛皮长出衣边1~3厘米。或者衣里没有皮毛，只在襟、袖和下摆内里镶皮毛，使毛皮与衣边处外露。海龙缘是清代的一种御用缘饰，海龙即海獭，海龙皮指的是一种未拔针的獭皮，价格昂贵。

第二节　镶边工艺技法

传统装饰基本的工艺手法主要有"镶、绲、嵌、宕、盘"，是塑造服饰品风格的重要手段。其中，镶、绲、嵌、宕四种工艺手法在外观形态和工艺制作方法上都有一些相似之处，但也存在差异。它们经常组合使用，人们习惯将这种沿服装边缘层层勾勒的装饰工艺统称为"镶绲"。

一、镶的概念

镶，《辞海》释义："一种缝纫方法。把布条或带子镶围在衣服等的边缘。"镶作为一种传统女子服装的缘饰手法，是指用不同颜色或不同质地的面料、布条、花边等缝拼在门襟、领缘、衩边、底边、袖口边、裤脚边等处的边缘部位，形成条状或块状的装饰，被缝拼的布条边称作镶边。

二、镶的分类

1.按工艺不同分类

可分为镶拼和镶贴两种。镶拼指将两片或两片以上的布片缝拼成一片。拼接的布片一般颜色、质地或纹理存在差异，拼接形式为在衣身中间或边缘以块面状呈现。由于传统布幅宽度较窄，缝制服装宽度不够，需要在袖子处拼接一块面料，后来慢慢对拼接的袖子进行装饰，形成镶拼。图4-20中的女衫的袖子采用了镶拼的方式。镶拼最初的目的是节俭，因此位置主要在非主体的边缘部位。

镶贴也称镶嵌，根据装饰需要，将裁剪好的装饰布片覆盖在需要装饰的部位，与衣片重叠缝制在一起。最初是用长布条在领、襟、袖缘和下摆等位置进行装饰，后来也可用绲边。图4-21中的女衫的领部和衣襟采用了镶贴。镶贴按照所处位置不同可分为边条镶和条镶两类。边条镶主要是装饰在服装的边缘部位，一般紧贴边缘缝制。条镶一般装饰在服装内侧，与边条镶配合使用。

图4-20 | 清末浅绿提花绸镶珠绣绲边女衫

图4-21 | 镶仕女风景纹饰边女褂

2.按形状不同分类

可分为点状镶边、条状镶边、块状镶边。点状镶边是用小片布缝缀在易破损的部位或服装系带处，用于加固服装，或镶在特定的位置，表达寓意；条状镶边是采用面料进行镶边，分为直线和曲线两种，图4-21中的对襟女褂采用了直线镶边，颈部采用了曲线镶边；块状镶边是采用大片布的拼合，密集的点和条也能形成块状。

3.按镶的颜色、材质与主体面料的差异分类

可分为同色异质、同色同质、异色同质、异色异质几种类别。同色同质镶是镶边采用与主体面料颜色、材质相同的面料；同色异质是镶边采用与主体面料颜色相同、材质不同的面料；异色同质是镶边采用与主体面料材质相同、颜色不同的面料；异色异质是镶边采用与主体面料颜色和材质都不相同的面料，这种方式也比较常见。

三、镶的工艺

1.镶拼工艺

镶拼工艺比较简单，将镶条跟衣片按缝份缝合即可，如图4-22所示。

2.镶贴工艺

镶贴工艺的材质不同，其工艺做法也不同，分为布条和绦边两种。

（1）镶布条工艺。镶边位于衣片中间时，将镶饰布条两侧缝份折向反面扣烫，与衣片两侧暗缝固定（图4-23）。

当镶边位于底摆时，根据服装是否有里料而缝制方法有所不同。《近代女装传统装饰工艺及复原研究》介绍在缝制无里料服装的镶边时，将镶饰布条两侧缝份折向反面扣烫，面料边缘缝份折向正面。先在镶边内侧与衣片条缝合，再将衣片边缘与镶边条绦缝，镶边条要多出衣片0.1厘米以上，防止面料外露（图4-24）。缝制有里料服装的镶边时，窄镶边的缝制方法与宽绲边类似，将镶边布条两侧缝份向里扣烫，面料无缝份，先将镶边内侧边缘与衣片缝合。里料缝份向外扣烫，将镶边条折缝与里料缲缝牢固，正面不漏针迹（图4-25）。

宽镶边与窄镶边的缝制大致相同，区别主要在于镶边下方面料覆盖长度的不同。宽镶边作为服装长度的延伸，起到拼补作用。制作时将镶边条两侧缝份折向反面扣烫，将衣片下缘与镶条缝合，里料缝份向外扣烫，用暗缲针将镶边条折缝与里料缝牢，正面不漏针迹（图4-26）。

（2）镶绦边工艺。绦边在女装中通常与布条做的镶边搭配使用，或单独使用。绦边织成后为完整的织带材料，使用时不需裁剪可按绦边宽度直接取用，故绦边两侧光洁无毛边，可直接采用暗针与衣身缝合。绦边没有弹性，一般通过折叠和熨烫归拔的工艺，制作出弧形的缘边造型。缝制工艺比布条镶饰简单，根据宽度不同主要有两种方式：中间缝合和两边缝合。

①中间缝合。宽度在0.5厘米以内的绦边，在中间缝合一道线即可。将绦边在装饰部位摆好，与衣片缝合，如图4-27（a）所示。

②两边缝合。宽度在0.5厘米以上的绦边，由于宽度较宽，需将两边缝合。缝制前先将绦边反面刮浆，粘贴在衣片相应的装饰部位。粘贴时要注意与内侧镶边之间的距离，使绦边顺畅、美观。缝制时先缝合靠近缘边一侧的绦边，再缝另一侧，便于在制作过程中进行调整，如图4-27（b）所示。

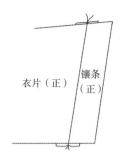

图4-22 | 镶拼工艺

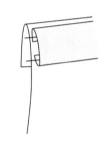

图4-23 | 镶贴工艺图

图4-24 | 无里料服装镶边工艺图

图4-25 | 有里料服装窄镶边工艺图

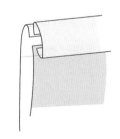

图4-26 | 有里料服装宽镶边工艺图

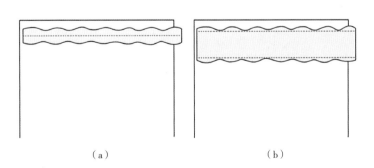

（a）　　　　　　　　　（b）

图4-27 | 镶绦边工艺图

四、镶的组合工艺

在服装中，镶边还经常结合绲边、刺绣、挖云和盘等装饰工艺，以增加服装的装饰效果。镶绲结合是在需要镶贴的布片外缘绲边，镶贴面料的宽度要大于绲边。镶与绲在形态上形成面与线的对比，体现出一种比例美，镶绲在色彩上和谐搭配，使得服装具有丰富的视觉效果。如意云头是镶边中具有特殊造型的一种形式。

1.如意云头概述

如意云纹被赋予了吉祥、美好的寓意。如意云纹经过了历代发展，已经成为成熟的视觉图样。作为缘饰的装饰元素，出现在领、袖、下摆、门襟等位置，起到平衡和装饰服装整体画面的作用。如意云纹缘边装饰最早在明代褙子腋下缘边中出现，至清代晚期这种装饰方法在相对不受繁缛规章制约的宫中后妃便服中发展到了顶峰。云头的形式在固定的程式化下随着线条的不同而呈现出各种形态，表现出大、小、胖、瘦之别。服装上的如意云头通常会在外加饰几层绦子边，丰富如意云头整体的造型层次。清末民初的玫瑰紫暗花缎镶璎珞云肩女袄，两侧开衩处缘边即为代表性的如意云纹（图4-28）。

如意云头经常跟其他纹样如文字、植物和动物等相融合进行变化，经过组合后形成丰富的如意云头造型。在文字方面，如意云头多与寿字纹融合使用，将寿字延伸卷曲，与如意云头融为一体；植物纹样中花卉、葫芦纹等常与如意云纹融合；动物比较多见的是与蝴蝶图案的融合，云头向内涡旋勾卷处以动物纹样作为延伸。如图4-29所示，为石青缎饰如意荷寿纹缘边对襟女褂，胸门襟处镶寿字纹如意云头，两侧裾首处镶莲荷如意云头纹，以门襟为中线呈左右对称状布局，寓意吉祥。

图4-28｜玫瑰紫暗花缎镶璎珞云肩女袄

图4-29｜石青缎饰如意荷寿纹缘边对襟女褂

2.如意云头的工艺

如意云头的工艺多样，有镶绲、挖云、盘花和织造，不同工艺制作的如意云头，形式和风格也不尽相同。

（1）挖云工艺。挖云，又称挖花，《法门寺考古发掘报告》中对挖云的注释："是将面料剪出一个图形，图形四边用绦条、盘金、锁边等任选的绣法，把毛边收拾美化成框，框里再贴衬以绣制美观的绣纹的技法。"即镂空制作各种图案，纹样多小巧精致，其中如意云头造型和蝴蝶图案最为常见。如图4-30

所示，为晚清时期深红提花绸镶黑缎绿绦边鱼鳞褶马面裙，马面底摆处饰挖云蝴蝶角隅纹样，纹样形态优美考究。挖云工艺多在一些做工精致繁复的服装两侧开衩处使用，衣襟和胸前部位也偶有出现。挖云制作的云头一般精巧细致，底部衬为撞色或同色的面料，其色彩与周围形成对比，营造出立体层次感，增添服饰的审美趣味。

图4-30 | 晚清深红提花绸镶黑缎绿绦边鱼鳞褶马面裙

挖云工艺常与绲边工艺结合，绲边外侧有时会镶一条细细的绦子边，在制作上相对难度较高，如意云头的主体部分采用挖云工艺，将面料裁剪成如意云头形状，主云头外轮廓采用绲边工艺处理毛边。由于如意云头以曲线为主，绲边主要采用细香绲和狭绲，绲边的粗细与如意云头的大小和造型相匹配。为了增加层次感，如意云头中的镶绲色彩通常对比强烈。如图4-31所示，清代对襟挂穗大坎戏服，前中和侧开衩处设如意云头，主云头使用浅粉缎刺绣面料，外轮廓绲蓝色边。

图4-31 | 细香绲如意云头

（2）织造工艺。采用织造工艺的如意云头，按工艺方法不同可分为三种：提花缎、漳绒和缂织。

缎有素缎和提花缎，提花缎织物中通过提花织就如意云头图案。如图4-32所示，这件蓝地花蝶纹大袄为二色缎面料，襟、两裾的如意云头采用提花织成。

　　漳绒因起源于福建漳州而得名，明清两代较为兴盛。漳绒以丝绒为经线、真丝为纬线。织造前先在织物上绘出所需样式，织造方式为每织四根绒线后织入一根起绒杆，织到一定长度后，用割刀沿起绒杆剖割，使其脱离织物，织物表面形成细密紧凑的绒圈或绒毛，使纹样清晰地显示在缎面上，并有光泽。如图4-33所示，粉紫色蝶恋花团花纹漳缎女袄如意云头纹样为群青色提花漳绒织成，以割绒手法形成如意云头，别具一格。

图4-32｜蓝地花蝶纹大袄

图4-33｜粉紫色蝶恋花团花纹

　　缂丝又称刻丝、剋丝，是以生蚕丝为经、彩色熟丝为纬，织造时采用通经断纬的方法，依靠纬线彩线形成花纹。制作耗时，古有"一寸缂丝，一寸金"之说。用缂丝直接缂织而成的如意云头现存实物较少。如图4-34所示，为故宫藏品，清同治年间的月白色缂丝八团百蝶喜相逢纹夹氅衣，氅衣上的如意云头以缂丝制成，奢华富丽。

图4-34｜月白色缂丝八团百蝶喜相逢纹夹氅衣

第四节　绲边工艺技法

一、绲边概述

绲同"滚"，也称滚边工艺，是用不同色彩和材料的布条包缝在衣服的边缘，主要是装饰在服装的领口、衣襟、底边、衣袖和下摆等部位。绲边不仅可以使衣服边缘光洁，增加衣服牢度，起到实用功能的作用，还可以利用面料颜色的不同增加视觉层次，起到装饰作用。如图4-35所示，旗袍的领、襟部位为绲边工艺。

绲的工艺做法与镶类似，区别在于绲条包裹在衣服边缘，正反两面均能看见。图4-36为绲的工艺图，而镶只装饰在衣服的正面。绲一般较为细窄，最细的可达0.1厘米，造型呈条状。因为绲条较细窄，有较好的塑性形，可以将其用于转角和曲折等任何形状线性装饰上。绲边工艺的精湛是通过宽窄的均匀和线条的流畅体现。

图4-35 ｜ 绲边工艺旗袍

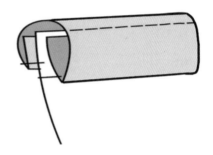

图4-36 ｜ 绲边工艺图

二、绲边的形成和发展

绲边是中国传统服饰装饰工艺中非常典型的缘边工艺，明代杨慎《升庵经说》记载"纯音袞，今云袞边"，成为对绲边最早的记载。清末民初时期绲边工艺最为盛行，达到镶绲装饰手工技艺发展的顶峰，也是这时期妇女们最擅长用的装饰工艺手法。传统服装中镶绲通常结合运用，主要在服装的领口、衣襟、底边、衣袖、下摆等部位的边缘装饰。镶绲组合交相呼应，变化丰富，服装的装饰繁复多样达到了让人眼花缭乱的程度。到了民国，绲边逐渐简化，绲边条数由多变少，宽度也慢慢变窄。

三、绲边的分类

1.按绲边所用材料和颜色分类

可分为本色本料绲、本色辅料绲、镶色绲。本色本料绲指绲边面料与衣服面料相同，此种装饰工艺在民国初期女性旗袍的衣领和门襟处较为常用（图4-37）。本色辅料绲指绲边面料采用与衣服面料颜色相同而材质不同的面料，这种方式可以形成更加丰富的装饰效果，是清末民初时期妇女们常采用的装饰方式（图4-38）。镶色绲指绲边面料采用与面料颜色不同、材质相同或不同的面料（图4-39）。

图4-37｜清末民初本色本料绲旗袍　　图4-38｜清末民初本色辅料绲旗袍　　图4-39｜民国时期镶色绲女袄

2.按绲边的宽狭及形状将绲边分类

可分为宽绲、狭绲、细香绲三种常见类型。宽绲，绲条宽度在0.3厘米以上，在服装应用上有0.6厘米绲边，通常称为"二分绲"，有0.9厘米的"三分绲"绲条，有1.5厘米的"五分绲"绲条，还有3厘米的"一寸绲"阔绲条等。一寸绲与镶边在外观上相似，但在缝制工艺方法上有较大区别。宽绲不能应用于弧度较大的边沿，清末女装中的绲边一般以宽边绲和阔绲居多，且多与其他装饰手法结合。图4-40为清末民初采用宽绲工艺的提花绸女袄。狭绲又称细绲，绲条宽度一般为0.3厘米，装饰在服装的边缘处呈一条线状，通常称为一线绲。狭绲是应用最为广泛的一种绲边方法，一般选用的材料比较薄，适合弯曲的位置，达到平顺的效果。图4-41为民国时期紫色短袖狭绲旗袍。女装绲边中还有一种比狭绲还细的绲边工艺，宽度在0.2厘米左右，缝制好后绲边如同线香一样细，所以称为细香绲或线香绲，常用于清末时期如意云头外周的包绲，也是20世纪30年代旗袍中比较流行的一种绲边方式。图4-42为民国时期铁灰色漳缎线香绲元宝领长袖旗袍。细香绲因为比较细，所以工艺难度更大。细香绲在制作时（图4-43），绲条和衣边正面相对缝合，缝份为0.2厘米，翻转绲条，向里扣烫，正面保留0.2厘米的宽度，绲边反面的宽度大于正面的宽度，用明缲针固定。细香绲又称"斜针"，线迹为斜针型线迹，并且一寸长度要缝均匀的9针，这就是常说的"寸金成九珠"，如图4-44（a）所示。民国早期有甚者，甚至达到一寸16针，如图4-44（b）所示。

图4-40｜清末民初宽绲提花绸女袄

图 4-41 ｜ 民国时期紫色短袖狭绲旗袍

图 4-42 ｜ 民国时期铁灰色漳缎线香绲元宝领长袖旗袍

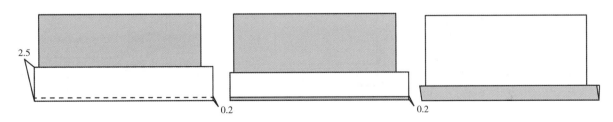

图 4-43 ｜ 细香绲工艺图

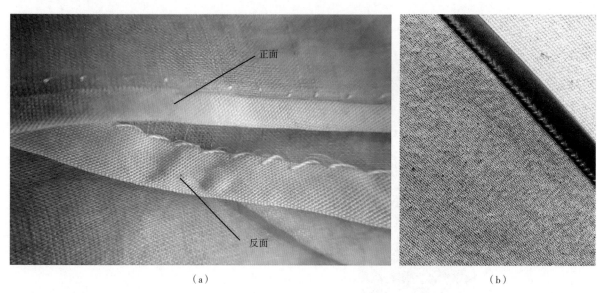

图4-44 | 线香绲反面针法

3.按照缝制工艺分类

绲边可分为单面绲光和双面绲光。单面绲光是绲边正面绲光反面不绲光，一般应用在有里子的服装上较多，其中一面里侧绲边布可以用里子盖住（图4-45）。如图4-46所示，这是一件有里子的服装做的细香绲的细节，绲边翻到里面的那一面夹到面里中间。

图4-45 | 单面绲光绲边工艺图　　　图4-46 | 夹衣细香绲服装细节

双面绲光的工艺一般有三种：一是绲边反面采用缲缝，这种看不到线迹的缝法，称为暗线绲；二是绲边正面缉缝0.1厘米明线，同时压住反面绲边，这种缝法在正面能看到线迹，所以是明线绲；三是绲边正面用漏落缝，压住反面绲边，工艺图见图4-47。实物操作展示在本书第七章。

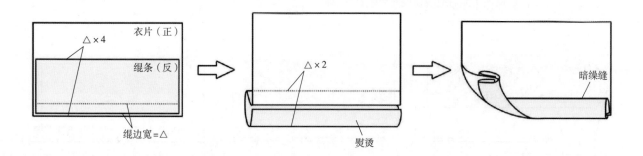

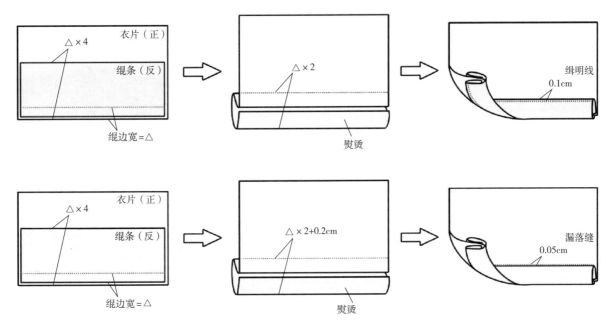

图4-47 ｜ 双面绲光绲边工艺图

4.按绲边里是否夹细绳分类

可分为普通绲边和夹细绲边。夹细绲边是绲边里面夹有细线绳，缝合后绲条显得圆润饱满，富有立体感。如图4-48所示为清末民初雪青色暗花缎女夹袄，在领口、袖口和大襟处用本色暗花缎面料做了三条0.3厘米宽夹线狭绲边，排列紧密均匀，用暗针缝合在衣服边缘处。

图4-48 ｜ 清末民初雪青色暗花缎
本色沿边女夹袄

四、绲边与其他工艺的组合

按绲边的装饰形式不同，可分为单独绲边和组合绲边。单独绲边是指只有一条绲边装饰于服装的边缘；组合绲边是指两条及以上绲边，或绲边与镶、嵌等其他装饰工艺组合，装饰于服装的边缘。组合装饰通常色彩丰富，层次复杂，效果更突出。

绲绲组合：两条或两条以上的布条绲边组合，我们通常叫多绲，多绲边类型以双绲边居多，三条以上的多绲边数量较少，且一般以均匀的细绲条组成。图4-48所示的雪青色暗花缎本色沿边女夹袄即为三层绲边组合。

绲嵌组合在下一节嵌的工艺技法中介绍。

第五节　嵌的工艺技法

一、概述

嵌，《现代汉语词典》解释为"把较小的东西卡进较大东西上面的凹处"。用在服装上，是指在服装衣片的边缘或内部分割处缝入布条或花边，形成细条状的装饰，也叫嵌线或嵌条。

嵌能增强服装的立体感，具有较强的装饰功能，常与镶、绲、宕工艺搭配使用，给人以精致、华贵的美感。常用于女装的领圈和领口边缘，也用于袖口、下摆与衣身之间的夹缝等部位。如图4-49所示的民国时期的紫色机绣镂空真丝旗袍领圈工艺即为嵌线。

图4-49 | 民国时期紫色机绣镂空真丝旗袍

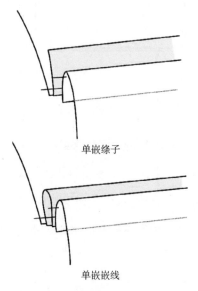

单嵌绦子

单嵌嵌线

图4-50 | 嵌工艺图

二、嵌条面料和工艺图

嵌条本身就有着丰富缘边层次的作用，而可用作嵌条的材料比较丰富。嵌线颜色可用衣片面料色彩的对比色，装饰效果醒目。也可以选择与面料色调相协调的同色系，装饰风格含蓄、典雅。嵌线用料可用布条，也可用绦边。用布条时一般采用45度斜丝绺，因斜丝有伸缩性，嵌在圆弧形衣缝中，容易服帖。因绦边较窄，一般按织成宽度使用，没有毛边，与布条的工艺有所不同，如图4-50所示为工艺图。嵌线宽度一般在0.2~0.8厘米。

图4-51 | 驼灰色印花绸本色辅料嵌旗袍

三、嵌条的分类

1.根据嵌条所用材料和颜色分类

嵌条可分为本色面料嵌、本色辅料嵌、镶色嵌。本色面料嵌是嵌条采用衣身面料制作，如图4-48所示的清末民初雪青色暗花缎本色沿边女夹袄领圈处嵌条为本色面料嵌；本色辅料嵌是嵌条采用与衣身面料颜色相同、材质不同的布料制作，如图4-51所示的民国驼灰色印花绸连肩短袖旗袍领圈处嵌条为本色辅料嵌；镶色嵌指嵌条采用与衣身面料颜色不同、材质相同或不同的面料制作，如图4-52所示的民国米色盘长纹提花绸女夹袄领圈处嵌条为镶色嵌。

图4-52 | 民国时期米色盘长纹提花绸镶色嵌女夹袄

2.按嵌条内是否有线绳分类

可分为扁嵌和圆嵌。圆嵌也叫夹线嵌，俗称为出芽条，是将蜡线或粗棉线夹入嵌条内，如图4-53所示为工艺图，提高嵌条的立体度和圆润度，使得服饰中的细节更加精致。常用作衣领边缘、旗袍底摆等部位的装饰。普通不夹线的是扁嵌。

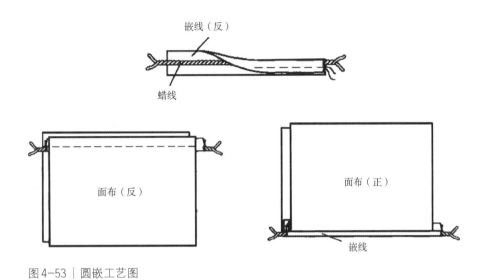

图4-53 | 圆嵌工艺图

3.按嵌条数量分类

可分为单线嵌、双线嵌。单线嵌是将一根嵌条嵌于两个衣片之间。如图4-54所示为民国黑缎镶黑白双道边倒大袖女袄，黑色镶边内侧嵌有一条米色嵌条，色彩对比强烈。双线嵌指两根嵌条夹缝于两衣片之间，这两根嵌线可根据内部是否夹线、宽窄不同以及颜色变化等搭配。有多种不同的组合形式，组合成的双嵌线会呈现出不同的装饰艺术效果。如图4-55所示为清末民初浅紫缎双嵌线女袄，灰色面料与镶边之间夹缝了两条米色嵌条，对服装整体色彩提亮点缀，增加服装的层次感和立体感。

图4-54 | 民国时期黑缎镶黑白双道　　图4-55 | 清末民初浅紫缎双嵌线女袄
　　　　　边倒大袖女袄

4.根据嵌装饰位置分类

可分为外嵌和里嵌。外嵌是嵌装饰在服装止口外面，通常在领口、门襟、袖口等止口外，如

图4-56所示清末民初粉缎库锦女袄的领外口采用外嵌工艺。缝制时先把嵌条反面朝里对折扣烫，与面料正面相对，按要求的嵌线宽度先与服装面料缝合，然后与里料正面相对，与第一道线重叠缝线，最后将里外两层衣片翻转到正面即可，形成正面的装饰效果，如图4-57所示为外嵌工艺图。里嵌的装饰形式是在衣片内部，一种是装饰于衣片分割线处，另一种是装饰在镶边、绲边等里口处，用来强调接缝处"线"的细节装饰。在清末民初时期，里嵌条常常用在女装的领圈处。如图4-58所示是在绲边里口的里嵌。

图4-56 | 清末民初粉缎库锦女袄

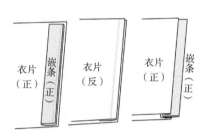

图4-57 | 外嵌工艺图

图4-58 | 里嵌

四、嵌的组合工艺

嵌的工艺与镶绲相比较为简单，通常与镶、绲等装饰工艺搭配组合装饰于服装的领口、衣襟、开衩和下摆等部位。

绲嵌组合即绲边与嵌线，绲边主要是对服装的毛边进行包裹以保护面料，实用性较强，而嵌条主要的功能表现为服装装饰性。绲与嵌组合后，缘边造型层次更加丰富。早在战国时期已经有了绲嵌组合，江陵马山楚墓出土的绵袍衣身和领子之间就夹缝了一段绦子嵌条作为装饰。

绲嵌结合的变化主要体现在两方面：一是绲边的宽窄变化；二是嵌条颜色和数量的不同。图4-59所示为绲嵌组合的工艺图，图4-60所示为绲嵌组合实物。

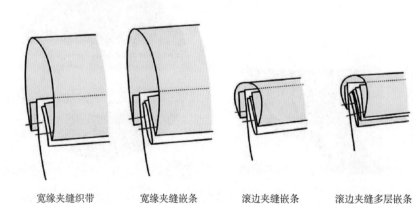

宽缘夹缝织带　　宽缘夹缝嵌条　　滚边夹缝嵌条　　滚边夹缝多层嵌条

图4-59 | 不同宽度绲边与嵌条的组合

图4-60 | 绲嵌组合缘饰旗袍

第六节 宕的工艺技法

一、概述

宕，也叫宕条，是指缝贴在衣片边缘的装饰布条。"宕"形态与"绲"相似，常常被归为"绲"工艺之中。但绲边是在包裹在服装的最外侧，而"宕"通常是装饰在服装里侧，并且一般与镶边间隔一定距离，形成独立的装饰形式。

这种装饰工艺是立体的线性装饰，一般造型变化丰富，线条有较大的曲度和转折，工艺难度较高。但这种华丽的装饰工艺并不耐牢耐摩擦，多用于前襟、领、袖等较为显眼且不会被摩擦到的部位装饰（图4-61）。

图4-61 | 清末民初女长袄

宕条在缘边上的运用主要以线的形式存在，宕条的造型一般为直线或曲线，也可以盘成图案来装饰缘边，当盘成图案时，与盘花很相似。宕条的几种造型变化，图4-62为直条宕，图4-63为如意宕，图4-64为波浪宕。因为宕的缘边造型更为丰富灵活，所以工艺要求较高。

图4-62 | 直条宕

图4-63 | 如意宕

图4-64 | 波浪宕

二、宕条的材料

宕条使用的材料有很多种，大多采用绸缎面料制作，也可以用绳线、织带和缘边等来做。不同的材料装饰效果不同，宕条的粗细对造型也有一定的影响。制作宕条的布条跟镶绲一样，都要选用正斜丝的布条。一般材料的厚度要适中，太厚或太薄都不利于宕条造型的制作。厚薄适中更好盘绕，能宕成各种花型。宕条的宽度也要适中，宽度一般在0.3~1.2厘米，可以根据布料的薄厚来增减。

三、宕的分类

1.按宕条数量分类

分为单条、双条和多条宕。单条宕是采用单条宕条装饰，如图4-65所示最外面的为绲边，内侧的为宕条。在服饰的边缘处采用双宕条装饰，可以增加装饰动感，如图4-66所示。还有多个宕条装饰的多条宕。

图4-65 | 单条宕

图4-66 | 双宕

2.按照线条的形式分类

可分为平行宕、辫子宕。平行宕是装饰于衣片上的双条或多条宕条呈平行状态（图4-67）。辫子宕是装饰于衣片上的宕条互相交错，似辫子一样，如图4-68所示黑色宽镶边上面的绿色宕条是辫子宕。辫子宕按照宕条与衣片的缝制形式分为固定宕和活络宕，固定宕是将宕条与衣片完全缝合，窄的宕条可只在中间缝合固定（图4-69）。活络宕是先对宕条进行编织后，再与衣片缝合，可局部缝制（图4-70）。

图4-67 | 平行宕

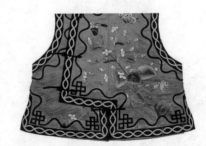

图4-68 | 辫子宕

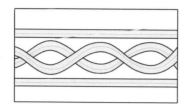
图4-69｜固定宕

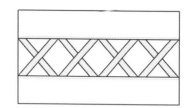
图4-70｜活络宕

四、宕的组合工艺

宕条可与绲边组合使用，形成一绲一宕、一绲二宕等多种形式。如前图4-65和图4-66分别是一绲一宕、一绲二宕。

按宕条的缝制工艺技法分为单层宕和双层宕。

单层宕条在缝制时，先将裁剪好的宕条两边按缝份扣烫成型，也可以借助硬纸板帮助熨烫成型，借助硬纸板的时候要考虑纸板的厚度，宽度应配小0.1厘米或0.2厘米，然后把宕条用明线或暗缲针缝制在衣片需要装饰的部位。采用明线缝制的话，缝份是0.1厘米（图4-71）。

双层宕缝制方法与单层宕相似，先把宕条反面朝里对折熨烫，再将宕条双层毛边一侧按缝份缝在衣片上，后沿着缝纫线将宕条翻折熨烫，另一侧用暗线缝法将宕条缝于衣片上（图4-72）。

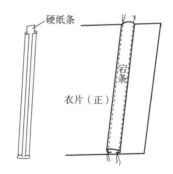
图4-71｜单层宕缝制工艺图

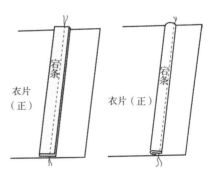
图4-72｜单层宕缝制工艺图

第七节　盘的工艺技法

一、盘的概念和分类

盘花在《辞海》中的定义为："以彩线盘绕编织成花形的一种工艺"。现在一般指用条形材料在饰位上盘绕出图案，并加以固定的一种工艺。盘花工艺立体、美观，具有很强的装饰性。盘花按用途可分为装饰盘花和盘扣两大类。

二、装饰盘花

1.装饰盘花概述

装饰盘花主要采用"盘"的工艺手法完成，图案多以简洁形象的概括图案为主。装饰盘花的形式多样，常被运用到服饰中的边角等处。在清代服饰中装饰盘花，花型复杂。民国时期由于缘饰的简化，这时的装饰盘花一般比较简洁。装饰盘花没有实用功能，只起到装饰作用，工艺上以软盘为主。

2.盘花的装饰形式

装饰盘花按装饰位置不同有边饰型、角隅装饰型和视觉中心型。

边饰型：盘花装饰在服装边缘，呈带状或点状连续。点状连续是以一个独立的图案为基础，重复装饰在服装的边缘，以盘长纹最为多见。如图4-73所示为淡绿色暗花缎盘长纹饰边女袄，在领口、大襟、两裾装饰盘长纹。

图4-73 | 清末民初淡绿色暗花缎盘长纹饰边女袄

角隅装饰型为盘花装饰在服装的局部，纹样可以是独立的图案，也可与服装的缘边装饰相连接。角隅装饰使边角看起来饱满而丰富，造型多为扇形和三角形，在晚清时期比较常见。如图4-74所示为清末粉色提花绸饰花卉蝙蝠纹盘带绣边女袄，在衣侧腋下饰蝙蝠纹，底摆饰折枝花卉纹。

图4-74 | 清末粉色提花绸饰花卉蝙蝠纹盘带绣边女袄

视觉中心型为盘花装饰在服装的胸前等视觉中心部位，如图4-75所示，胸前装饰有盘花图案的旗袍。

3.装饰盘花的图案造型

（1）二方连续。二方连续也称为"带状图案"，是由一个单位纹样向某一个方向反复循环而形成，有散点式、波纹式和垂直式三种。二方连续的装饰盘花图案丰富多样，有"卍"字纹、盘长纹等。一般装饰在服装边缘，多见于清代女装中。如前图4-73所示为盘长纹形成的二方连

图4-75 | 视觉中心盘花装饰

续图案。

（2）独立造型。独立造型的图案更加灵活，复杂多样，大致可以分为仿文字、仿动物、仿花卉和象征吉祥的图案四大类。仿文字常见的有囍、寿字图案等；仿动物的如蝴蝶、蝙蝠图案等；仿花卉的如葡萄、石榴图案等；象征意义的如吉祥如意图案等。

三、盘扣

1.盘扣概述

盘扣是用布条盘织而成的扣子，由中国结发展而来，是中国传统服饰中独具特色的一种手工技艺。盘扣除了连接衣襟的实用功能，也是装饰服装的点睛之笔。盘扣花样丰富多样，造型细致美观，是装饰点缀传统服饰不可或缺的重要元素。

2.盘扣的形成与发展

相对于其他缘饰工艺，盘扣的产生发展较晚，目前发现最早的盘扣实物出土于宋代。江西德安南宋周氏墓中出土的印金罗襟折枝花纹罗衫，胸前系有一字形编结盘扣（图4-76）。盘扣造型在元代得到发展，出现了花扣，甘肃漳县元代汪世显家族墓出土的黄褐色织金锦花朵菱格宝相花纹抹胸（图4-77），直襟系有九对盘花扣。元明时期以后，盘扣逐渐代替系带连接衣襟。

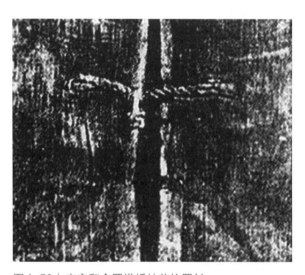

图4-76｜南宋印金罗襟折枝花纹罗衫　　　　　　　图4-77｜元代黄褐色织金锦花朵菱格宝相花纹抹胸

清代盘扣广泛流行，在清代的历史照片中无论官员还是平民，其服装的门襟闭合件几乎一律采用盘扣。因为清朝服饰缘饰华丽冗繁，镶绲为装饰的重点，盘扣主要起到实用功能的作用，装饰功能不明显。这时的盘扣以一字直扣为主，盘花扣为辅。民国时期，受西方服饰文化影响，出现了改良旗袍，服装款式向简约优雅的方向发展，绲镶等装饰逐渐减少，而盘扣在旗袍上的装饰性开始显现出来，花扣在这一时期得到空前发展，盘花扣的造型、色彩和材质都非常丰富。盘花扣造型美观，与服装的搭配相得益彰，成为民国时期服饰文化中的一个亮点。

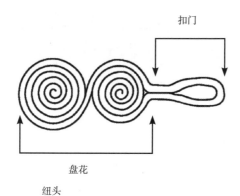

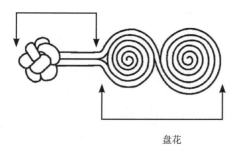

图4-78 | 盘扣组成

（a）红色琉璃纽头女袄

（b）珐琅彩工艺纽头旗袍

图4-79 | 纽头材料

3.盘扣的组成和分类

盘扣由扣门、纽头及盘花三部分组成，盘扣的纽头、扣门系合在一起（图4-78）。

按照纽头材质分为用织物盘制成的布纽头和其他材质纽头。织物盘制成的纽头主要有葡萄纽头和蜻蜓纽头两种；其他材质的纽头有铜、玻璃、陶珠等，富贵人家还会使用宝石或贵金属，如金、银、翡翠等作为纽头材料（图4-79）。

盘扣的造型主要取决于盘花，盘花变化丰富起装饰作用。盘扣按盘花的造型一共可分为两大类：直盘扣和花型盘扣。直盘扣也就是一字盘扣，造型简洁，在日常生活中最为常见（图4-80）。花型盘扣除了具有实用性，更多的是其生动的造型，可细分为字形扣、仿形扣、几何扣与创意扣四种。字形扣是以吉祥文字作为基础图形而制成的盘花扣，典型的有祝福老人长寿安康的"寿"字扣（图4-81）、服装上的"囍"字扣（图4-82）、"福"字扣等。仿形扣主要是以模仿自然界的动植物或日常物品为特点，如葫芦扣（图4-83）、菊花扣（图4-84）、兰花扣、蝴蝶扣（图4-85）、琵琶扣等。几何扣以追求表现形式的

图4-80 | 清末民初一字直扣对襟男坎肩

抽象概念为主，如三耳扣、四方扣（图4-86）等。

根据盘扣工艺所形成的花型内部空间，可分空芯花扣与实芯花扣两种，实芯又包括由纽襻条填充和由其他布料包棉的嵌芯类。图4-87为空芯花扣，图4-88为包棉嵌芯扣。

根据材料内部是否有硬线支撑，盘扣可分为软盘和硬盘。软盘是用软的材料制作的盘扣，其特点是线条圆润，比较适合制作圆形、椭圆形或不规则的曲线图案（图4-89）。硬盘是在软盘材料的基础上内嵌一根细铁丝或细铜丝，可以任意造型，其特点是硬挺、造型感强，适合制作线条硬朗的图案（图4-90）。

图4-81 | "寿"字扣

图4-82 | "囍"字扣

图4-83 | 葫芦扣

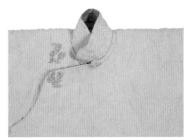

图4-84 | 菊花扣

图4-85 | 蝴蝶扣

图4-86 | 四方扣

图4-87 | 空芯花扣

图4-88 | 包棉嵌芯扣

图4-89 | 软盘花扣

图4-90 | 硬盘花扣

思考题

1.缘边装饰工艺有哪几种？各有什么特点？

2.制作缘边装饰的材料有什么特点？对纱向有什么要求？

3.缘边装饰在传统服饰结构和工艺发展中有什么作用？

4.传统服饰缘边装饰工艺对现代设计有什么启发？

第五章
扎染技法

课时导引：10课时

教学目的： 掌握扎染的基本制作技法及工艺流程，熟练掌握各种绑扎技法和染色技巧。通过实践探索，掌握绑扎方法与纹样风格形成的基本规律，感受扎染千变万化的艺术魅力，培养对传统工艺的学习热情和传承意识。

教学重点： 扎染设计的基本原则和方法。

自主学习： 扎染在现代设计中的应用以及与人们生活方式的融合。

第一节　扎染的工具和材料

扎染的工具和材料比较多，主要有白色织物、染料、捆扎工具、染色用工具和其他辅助材料等。

一、白色织物

需要选择棉布、丝绸及毛、麻等天然纤维的白色织物，适合手工印染，化学纤维面料的染色性较差，需要比较复杂的工艺和高温高压的条件，主要在工厂进行。扎染的织物一般有本白和漂白两种，本白色的织物微微发黄，手感比较粗糙，印染后有做旧的色彩效果；漂白织物去除了纤维材料上的残留色素，进行了一定白度的加工处理，质感比较细腻顺滑，染色后色彩更加鲜明。另外，织物的厚薄和密度对染色效果也有影响，较薄和密度较低的织物易于染色，染出的图案更为细腻、清晰。

二、染料

染料分天然染料和化学染料，天然染料一般来源于植物、动物和矿物质，以植物染料为主。植物染色产品外观比较自然柔和，有水洗过的陈旧感；化学染色产品外观鲜艳。

植物染料是从植物的根、茎、叶及果实中提取出来；动物染料品种较少，主要取自贝壳类动物和胭脂虫；矿物染料是从矿物中提取的有色无机物质。近年来人们发现细菌、真菌、霉菌等微生物产生的色素也可作为天然染料的来源。不同的天然染料分子结构不同，染色方法也不相同，需要搭配相应的媒染剂、固色剂、还原剂等进行染色。

化学染料主要是直接染料，能在中性和弱碱性介质中加热煮沸，只要把染料溶解于水，无须媒染剂的帮助便可进行染色。

三、捆扎工具

捆扎工具比较多，主要有针、线、绳、皮筋等。针用普通的缝衣针即可，线是捆绑织物的防染工具，根据纹样的设计需要可选择粗细、质感不同的线，但要求结实且不易拉断，可以是棉纱线、涤纶线、橡皮筋等。绑扎工具的选择对最终的扎染图案影响非常大，不同的扎染图案与风格需求会应用到不同的工具。

现代扎染还会用到一次性筷子、冰棍棒、瓶子、夹子等辅助工具，这些工具的运用能够产生更为丰富的图案变化。

四、染色用具

染锅、加热炉或电磁炉、搅拌棒、水桶、塑料盆、橡皮胶手套、剪刀等。

五、其他辅助材料

根据图案的创意需求，还可以准备一些非常规的辅助材料，如鹅卵石、硬币、胶带、保鲜膜、各种形状的木板或塑料板等。

这些工具在进行扎染时，有着各自不同的用途。具体会应用哪些工具，还要视实际情况而定。

> **天然靛蓝的制作方法：** 打制蓝靛膏的工序比较复杂，首先采集板蓝植物放到蓝靛池浸泡5~8天，然后排除废渣，按照一定比例配备石灰溶于蓝靛池内，再不断打击搅拌，使石灰石充分溶解，直到池里的水变成天蓝色。沉淀数日后，将废水排出，池底凝结成蓝色的蓝靛固体。蓝靛膏按一定的比例稀释后，即可用于染布。

第二节 扎染作品的制作流程

制作扎染一般需三个步骤：染前处理、捆扎染色和染后处理。

一、染前处理

因为织物上常带有浆料、助剂及一定成分的天然杂质，需对织物进行染前处理，防止在染色时产生染色不匀等现象。纺织厂为了顺利地织布，往往对经纱上浆以提高强力和耐磨性，坯布上的浆料会影响织物的吸水性能，并影响染整质量，因此在染前应先去除浆料，这个过程叫退浆。退浆后将布晾干熨平以备描绘图案及捆扎用。

一般家庭或初期学习自制扎染，只需要将买回来的布浸泡后在开水中煮20分钟左右，或者用冷水加肥皂清洗一遍，取出洗净烫平即可。

二、捆扎染色

扎染的主要步骤有绘制或规划图案、捆扎、浸泡、染布、蒸煮、晒干、拆线、漂洗、晾干等，其中捆扎、浸染是两道主要工序，技术关键是捆扎手法和染色技艺。

捆扎是防染图案形成的关键步骤。织物印染后所呈现的图案很大程度上取决于捆扎的方式。扎染的扎花方法和捆绑法有很多种，简单的图案可以辅以工具，使用捆扎线、木夹、橡皮筋等来构造花纹，复杂的扎染图案以手工缝为主，进行缝扎结合，也可以织物自身打结等多种方式进行防染。在古代，织物捆扎的方法大体分为四类：缝绞法、绑扎法、打结法和夹板法。根据出土、传世文物及文献记载的充分印证，缝绞法和绑扎法是最具绞缬特征的两种典型方法。

扎染通常的步骤是将已设计好的图案纹样用水消笔或热消笔在布上做记号或描画上，然后捆扎或缝结布料，完成后浸入清水中湿透，取出挤干水分后，放入已备好的染液中或浸染或煮染一定时间，用清水冲洗，然后晾干。不同的染料有不同的配方和使用方法，染料用量、染色时间、染色外部条件都不太相同。

三、染后处理

晾干后，解开捆扎处，用清水轻轻冲洗两次，注意不要大水冲洗，把水接在水盆中，放入染好的布料，用手轻摆或按压以便洗去染料渣滓和浮色，然后晾干，最后用熨斗烫平。

第二节 捆扎技法——缝绞法

缝绞法是用手针引线后，在织物上按照预先设计好的图案进行缝制，再将所缝之处的线抽紧打结，形成防染效果的捆扎方法。缝绞法有串缝法、卷针法两种：串缝法即平缝法，是以单线串缝为基础，经过逐步发展而形成多种缝绞方法，卷针法是在进行制作时将面料折叠起来，并沿折缝的地方进行上下反复绞缝的扎染方法。

一、平缝缝绞法

平缝缝绞法在扎染后形成的是线条纹样，是用平针串缝，即用平针沿图案线条均匀平缝后抽紧的扎花方法，这种扎花方法适合用于扎染比较具象的图案。平针的针脚距离一般保持在0.5厘米左右，具体操作起来又有单层织物平缝、双层折叠平缝和多层折叠平缝。

这种纹样的制作方法是用单针法将布料整个缝出一条条规则的细线，然后将线收紧捆扎，整体效果有强烈的冲击力，十分耐看。

1.单层织物平缝

单层织物平缝形成的线条形状自由，既可以走直针（图5-1），也可以走曲线，曲线可以是开放型（图5-2），也可以是闭合型（图5-3），因此可以表现直线、曲线、平行线、花朵、叶子等各种线条，能够充分表现设计者的创作意图。

操作方法非常简单，将图案用水消笔画在织物上，将手针引线后，用平针沿图案线条均匀平缝后抽紧即可。如果闭合型线条的内部不需要染色，可继续用棉线将花形的部位满绕扎紧，以防止染液渗进去，染色后就会出现相应的花形（图5-4）。

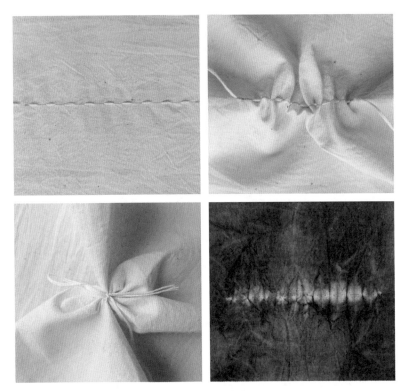

图5-1 ｜ 单层直线平缝的缝绞方法及印染效果

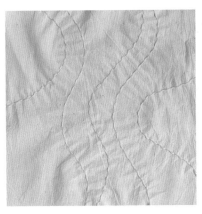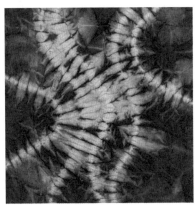

图5-2 ｜ 单层曲线平缝的缝绞方法及印染效果

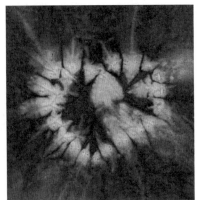

图5-3 ｜ 闭合曲线平缝的缝绞方法及印染效果

图5-4 | 闭合曲线花形内部满绕扎紧及印染效果

2.双层折叠平缝

将面料双层折叠后再平缝，染制后得到的是沿折叠线形成的对称图案。在折叠线两侧平缝的线条通常有三种：圆弧线串缝、直线串缝和折线串缝。

圆弧线串缝，扎染花纹效果类似纺锤形，圆弧造型可根据需要调整大小，小的圆弧每个半圆弧只需要3~5针，大的圆弧针脚相应增加。制作方法是先将面料对折，再沿对折边串缝（图5-5）。

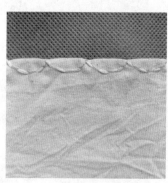

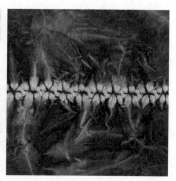

图5-5 | 圆弧线串缝的缝绞方法及印染效果

直线串缝，是将面料对折后，沿对折线平行运针，针脚通常在0.5厘米左右（图5-6）。

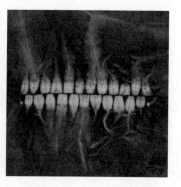

图5-6 | 双层折叠直线串缝的缝绞方法及印染效果

折线串缝，也叫对折方胜串缝，扎染花纹效果为菱形。两个菱形压角相叠，组成的图案或纹样叫方胜纹，是汉族传统寓意的吉祥纹样（图5-7）。

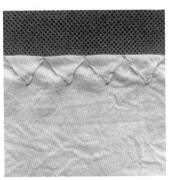

图5-7 │ 双层折线串缝的缝绞方法及印染效果

3.多层折叠平缝

（1）三折串缝：折叠宽度一般在1厘米左右，沿折叠线串缝，在折叠宽度中间走针，线迹距折叠边0.5厘米左右，其花纹特点是在三道缝线中，上边的花纹清晰，中间花纹色晕较大（图5-8）。

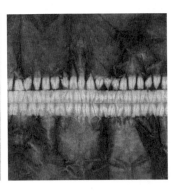

图5-8 │ 三折串缝的缝绞方法及印染效果

（2）四折串缝：先将面料对折，再倒向一边，折叠1厘米左右。印染后得到的花纹一边清晰，另一边色晕较大（图5-9）。

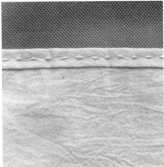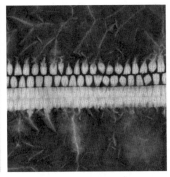

图5-9 │ 四折串缝的缝绞方法及印染效果

（3）合下串缝：先将面料对折，再将中间约2厘米宽度的面料凹下，平缝线迹距折叠边0.5厘米左右。印染后的花纹两边清晰，中间色晕较大（图5-10）。

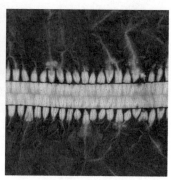

图 5-10 | 合下串缝的缝绞方法及印染效果

二、卷缝缝绞法

卷缝缝绞法在扎染后形成的是块面状纹样，是将针线绕过面料卷缝后再抽紧的扎花方法，图案内部的线条是斜线。根据针线所绕过面料的造型与宽窄，可形成多种造型的图案。

1.平行线卷缝

平行线卷缝也叫卷边串缝，是将面料沿着要卷缝的位置折叠，针线绕过折叠的面料进行一定宽度的卷缝，卷缝的宽度不同，可得到不同粗细的绳状线条。卷缝的线条可以是直线（图5-11），也可以是曲线（图5-12）。

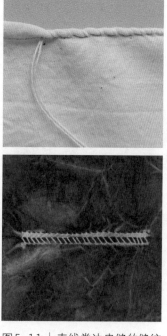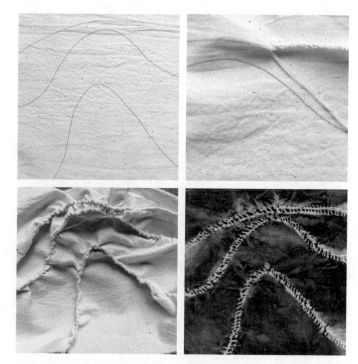

图 5-11 | 直线卷边串缝的缝绞　　　图 5-12 | 曲线卷边串缝的缝绞方法及效果
　　　　　　方法及效果

2.闭合造型卷缝

卷缝闭合造型的图案时，始终从图案的一侧线条入针，另一侧线条出针。图案内部缝线显示的是斜向线条，边缝合边抽紧，最终把图案内部的面料都挤压卷缝在一起，染制后在图案内部出现清晰的斜向白线条（图5-13）。

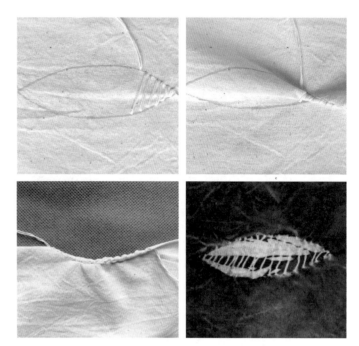

图5-13 | 闭合造型卷边串缝的缝绞方法及效果

第四节　捆扎技法——绑扎法

绑扎法是将布料折叠、翻卷，使之成为一定的形状，然后用塑料绳或棉线捆扎起来。这种扎结方法较为自由、简便，一般用于处理大面积布料，可得到较为粗犷的花型。

在古代常见的绑扎方法有两种：一种是把布料的一个点揪起来，用线绳绑扎后染色而成，唐朝流行的图案的鱼子缬、醉眼缬就是用的这种绑扎方法；另一种是把织物逐段扎结后再染色，古代称为"晕缬"，染制后的纹样是条带状。

目前常用的绑扎方法有圆形绑扎法、塔式绑扎法、分段捆扎法、云彩染绑扎法、杆状缠绕法、任意折叠绑扎法。

一、圆形绑扎法

圆形绑扎法是将面料的一个点撮起来，再用线绳缠绕捆扎一圈或多圈形成图案。围绕中心点在一个固定的位置绑扎得到的是一个圆形图案（图5-14），绑扎多个位置就得到多层的同心圆图案

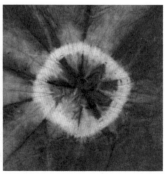

图5-14 | 圆形的缝绞方法及效果

（图5-15）。圆形图案的大小取决于所绑扎的线条距离中心点的长度，长度越长，圆形的半径就越大，当长度小于1厘米，圆形就会是一个接近圆点的形态。

二、塔式绑扎法

塔式绑扎法也叫蜘蛛脚绑扎法，因为图案上有布料被麻绳捆绑的痕迹所形成的斜纹线，像蜘蛛丝一样的线条而得名。塔式绑扎法的具体绑扎步骤如下（图5-16）：

（1）将面料的一个点撮起来，在所需半径的长度处绑扎固定，如果想让图案的肌理更加均匀，可以提前用水消笔画好圆形，并用平缝针沿线条引线后抽紧。

（2）用绑扎线套圈系个松扣，套到距中心点1厘米的位置开始将扣抽紧。

（3）将线以螺旋状的形式向下缠绕，缠绕至所需长度后，紧紧绕3圈，再反方向螺旋状缠绕至开始绕线的地方打结收线即可。

注意：在缠绕时绑扎线拉得越紧，染制后图案上面的线条就越明显。

三、分段捆扎法

分段捆扎法是将面料横向或纵向顺成长条，在几个固定的点分段绕线捆扎，所形成的图案是条带状的平行线。上面讲到的同心圆也属于分段捆扎法的一种。

捆扎前面料的整理方式会在很大程度上影响到图案的形成。如图5-17所示的扎染图案，是将面料随意顺成长条

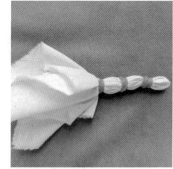

图5-15｜同心圆的缝绞方法及效果

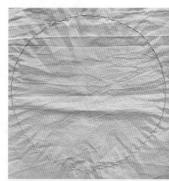

图5-16｜塔式绑扎法及染色效果

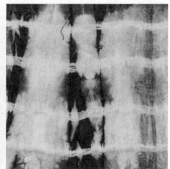

图5-17｜分段捆扎法及染色效果

并用橡皮筋分段捆扎，染制后的图案效果有很大的偶然性，除了橡皮筋绑扎形成的几条平行线外，其他地方的蓝白图案分布都很随机，有水墨晕染的美感。图5-18是先将面料进行折扇状折叠成长条后再进行分段捆扎，染制后的图案能看到清晰的折叠线条，有极强的几何美感。

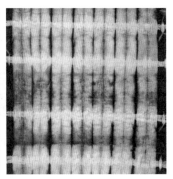

图5-18 | 折叠面料分段捆扎及染色效果

四、云彩染绑扎法

云彩染绑扎法是将面料平铺后，用手指均匀抓出褶皱，再将褶皱挤压到一起，用线绳缠绕捆扎，染制后形成的图案像云彩一般而得名（图5-19）。所抓的褶皱大小决定了云朵的大小，如果想要细致的小花纹，褶皱就要更细碎。捆扎时绕线越紧，白色区域越多；绕线越松，蓝色区域就会增加。

图5-19 | 云彩染绑扎法及染色效果

五、杆状缠绕法

杆状缠绕法是将布料包裹缠绕在一个杆状物上，并用线绳紧紧缠绕在布料上，再用力将两头布料向中间挤压，直到所有的布料都被压紧为止，再将两头用绳子固定绑紧，放入染缸中染色，染制后会形成鱼鳞形状的纹样。杆状物可以充分利用身边的很多物品，如矿泉水瓶、木棍、水桶、塑料管等，杆状物的直径越大，布料包裹的层数越少，鱼鳞纹样就会越均匀。直径越小，布料包裹的层数越多，靠近杆状物的中心部位因染料无法浸入而染不上颜色（图5-20）。

运用杆状缠绕法原理，将中间的杆状物替换为一根塑料绳，把面料卷成筒状，塑料绳放在面料中间，卷好后挤压面料成大肠状，打结系紧即可（图5-21）。用这种方法绑扎，染料可以充分进入内部，染制的花色更加均匀。

图5-20 | 杆状缠绕法及染色效果　　　　　图5-21 | 塑料绳杆状缠绕及染色效果

六、任意折叠绑扎法

任意折叠绑扎法是自由度更大的绑扎方法，将面料根据自己的设计进行折叠，甚至很随性地折叠或抓揉后用线绳或橡皮筋捆扎起来进行染制（图5-22）。染制后拆线看到的图案也会有拆盲盒一样的乐趣，这也充分体现了扎染的魅力和吸引力。

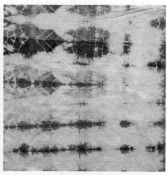

图5-22 | 任意折叠绑扎及染色效果

第五节 捆扎技法——夹板法

夹板法是将织物巧妙折叠之后，在需要防染的部位用夹板夹紧并用线或橡皮筋绑扎起来，经过染色后，在夹板覆盖的地方为边缘整齐的白色区域，从而获得几何感较强的防白花纹。

运用夹板法得到的是规整的几何图形连续纹样，布料可折叠成长条状、正方形、长方形、三角形等，折叠后用各种夹板工具绑扎进行染色，变化出各种图案。折叠的形状不一样，产生的图案效果也不一样，而且折叠形状的大小也影响到每一个单元图形的尺寸。

常见的夹板工具有木棍、一次性筷子、冰糕棒、各种形状的木片、亚克力板或塑料片等，甚至还可以利用一些日常生活中常见的晾衣夹和各种尺寸的燕尾夹等，现在市场上还出现了固定木片的G形夹和A形夹。夹板工具的形状和夹取方式会在很大程度上影响到面料的纹样，如木棍在绑扎固定时，可以与布料边缘平行，也可以呈直角，或者自由变换角度。

一、条状折叠法

条状折叠法是将布料来回折叠，像风琴一样，呈长条状，这样折叠的目的是让染料能够均匀地染到每一层折叠的部位。然后将布料的上面和下面各放一块或多块夹板，并用绳子捆绑扎紧，起到防止染料渗透到织物表面的作用（图5-23）。夹板的面积越大，染完留白的部位就会越多；绳子扎得越紧，颜色渗入就越少，夹板边缘的白色就越清晰。

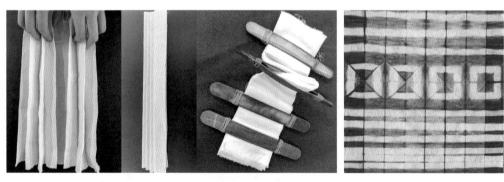

图5-23 | 条状折叠法及染色效果

二、围绕一个中心点的三角形折叠法

三角形折叠方法首先需要找一个中心点，可以是面料的正中央位置，也可以是其他任何位置的一个点。围绕这个中心点，将360度等分为若干份（偶数值），再沿等分线一上一下进行折叠，然后在折叠后的面料上下各放一块或多块夹板，并用绳子或橡皮筋捆绑扎紧后染制（图5-24）。

三、三角形豆腐块折叠法

　　将一块面料折叠成三角形豆腐块有多种方法，下面以两种方法为例进行示范。

1.长条状折叠法

　　长条状折叠法对面料本身的长宽比没有要求，可以是长方形面料，也可以是正方形面料。先将面料按条状折叠法折成长条状，注意长条的长宽比需要提前计算好，长度需为宽度的整倍数。折叠好后，再将长条的两个短边重叠，找出长条的中心线，沿中心线45度角翻折，再按照折出三角形的边缘线依次翻转折叠，直至折到短边的最边缘。另一半按同样方法折叠，折叠好后根据自己的设计绑扎木条或夹板（图5-25）。

2.对角线折叠法

　　对角线折叠法要求面料长度和宽度一样，必须为正方形。首先将面料的四个角折叠至中心点，翻到反面，接下来将新产生的四个角折叠至中心点，如果想得到更小的三角形豆腐块，可以继续翻转并重复上一个动作，直至三角形达到预期大小为止。再沿三角形的边缘线上下翻折成为有一定厚度的三角形豆腐块（图5-26）。

四、方形豆腐块折叠法

　　方形豆腐块折叠法先将面料从长度方向以风琴折的形式折成长条状，再从宽度方向同样以风琴折的形式折叠成长方形的方形豆腐块，也可以折叠成正方形豆腐块。折叠好后用夹板和线绳在指定位置夹好绑扎紧，即可染制（图5-27）。

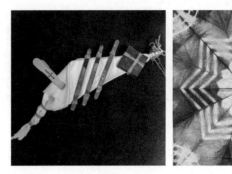

图5-24｜三角形折叠法及染色效果

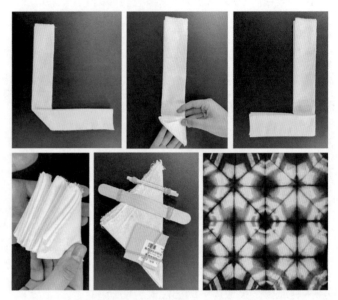

图5-25｜长条状三角形豆腐块折叠法及染色效果

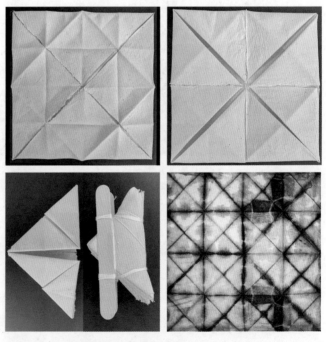

图5-26｜对角线三角形豆腐块折叠法及染色效果

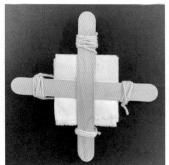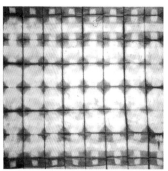

图 5-27 | 方形豆腐块折叠法及染色效果

第六节　捆扎技法——打结法

打结法是不用针线和任何绑扎工具的绞缬方法，只需织物本身就可以创作出变化丰富的扎染作品，且图案造型非常随性自然。

一、对角自由打结

将织物纵向或对角捋顺，在不同的位置以织物自身打一个或多个不同的结。再略为抽紧，然后浸水，再浸入染液染色，就可得到白色花纹（图5-28）。

图 5-28 | 对角自由打结法及染色效果

二、卷绕麻花打结

将一块布料纵向或斜向卷绕成麻花状再进行打结浸染，这样会染出较为规整清晰的线条（图5-29）。卷绕布料有时会卷好几层，要求完全浸染透，所以在卷绕的过程中可相对轻柔，让染料可以更充分地进入。

图5-29 | 卷绕麻花打结及染色效果

三、撮结

撮结方法是将布料用手从一个点或多个点提起至一定长度，再进行打结，染制后的图案效果与圆形绑扎法有一些类似，但效果更为粗犷率性（图5-30）。这种方法要求面料比较柔软轻薄，有一定的柔韧性和延展性的面料更容易操作。

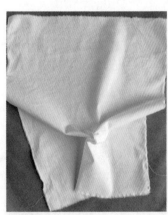  

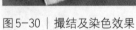
图5-30 | 撮结及染色效果

四、两块或多块面料互相打结

两块或多块面料之间互相打结，可以同时制作出几块扎染作品（图5-31）。这种扎法有利于随机图案的生成，而且打结后抽紧时的松紧变化，都会影响到布料染制后图案的整体效果。

图5-31 | 两块面料互相打结及染色效果

第七节 染制

一、蓝靛泥植物染步骤

本节的教学选取了常见的蓝染工艺。染制蓝色的蓝靛泥，其色素性质需要用还原染色工艺，染色时还需要用到助染剂和还原剂（图5-32）。

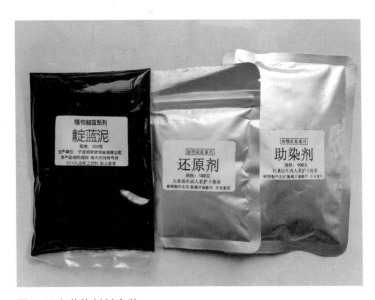

图5-32 | 蓝染材料套装

面料捆扎完成后，就进入染制阶段，具体步骤如下（图5-33）：

图5-33 | 蓝染工艺步骤

1.准备靛蓝染料液

（1）先将20克助染剂放入盆中，加入6升水搅拌，使其融化。

（2）加入100克蓝靛泥，充分搅拌后表面会产生一些蓝白色泡沫。

（3）再将20克氧化剂倒入盆中，顺时针搅拌，混合好后覆盖静置一个小时。注意搅动时幅度要轻，且搅拌后一定要覆盖以防还原剂与空气中的氧气接触，产生氧化反应。

（4）当染液变成深绿色时，就可以进行染色了。

2.染制上色

（1）将捆扎好的面料放入清水中浸泡，充分吸水的面料有助于均匀上色。

（2）将面料从清水中取出，挤掉水分，放入染液中浸染10分钟。浸染过程中上下翻动一次，但要避免大幅度翻动，以减缓氧化速度。

（3）10分钟后将浸染好的面料取出，这时织物表面是黄绿色的，放置在空气中10分钟，使其氧化，逐渐变为深蓝色。取出面料要定时翻动，使其四周充分接触空气。

（4）待全部变成深蓝色时，第一遍染色完成。如果想要更深的颜色，可以继续重复这个染色过程。

（5）纯植物的靛蓝染料不容易上色，需浸染多次后才能达到深蓝色，可以按个人喜好选择浸染次数，决定颜色的深度。

3.冲洗晾晒

（1）用水轻柔冲洗染好的织物，清除掉染料中的渣滓和多余的靛蓝染料。

（2）拆开捆扎线或夹板晾晒，晾晒一天后再按压式清洗一次，继续晾晒一天后再洗。最忌讳染制后长时间不干，紫外线有固色作用，所以晴天最适合蓝染。

二、化学染步骤

1.准备材料

（1）必需材料：直接染料、食盐，染料与食盐用量比例为1∶1（图5-34、图5-35）。

（2）选用材料：太古油（对棉麻材料有辅助渗透作用，帮助均匀染色），固色剂（漂洗时用，减少后续掉色）。

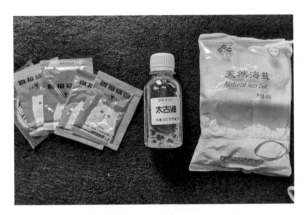

图5-34 | 化学染材料

图5-35 | 染料与食盐用量比例

2.染前准备

（1）捆扎后的面料过水浸泡。

（2）电磁炉烧水，水沸腾后倒入染料及食盐，搅拌均匀，可选择添加太古油（图5-36）。

图5-36 | 染液准备

3.面料染制

（1）清水浸泡后的面料挤干水分放入染液中。

（2）煮2~5分钟，具体时间视捆扎松紧和布料厚度而定（图5-37）。

图5-37｜面料煮染上色

4.冲洗晾晒

（1）上色完全后捞出。

（2）在流动的水或者清水中漂洗并打开捆绑部分，铺平晾晒（图5-38）。

图5-38｜染后冲洗

第八节　扎染中常见问题分析

一、扎结过程易出现的问题

由于扎染工艺的特殊性，在纹样设计时需要注意最终图案的可实现度。有时在图稿上可以绘制完成的图案，却很难通过扎染工艺来实现。所以，从纹样的设计阶段开始，就需要考虑扎染工艺及制作的局限性，考虑各种操作环节的可行性。

1.设计的图案不适合扎结

图案中的交叉线过多会给扎结带来很多麻烦，从而导致操作过程混乱而很难控制。同时也会造成染色效果不理想。在图案选择和处理时要结合面料的扎结方法，对原有的图案进行适当的拆解和改变，最终形成一个相对独立、封闭的图形，增加制作过程中的可操作性。

2.绑扎的牢度不够

绑扎牢度不足是扎染过程中经常遇到的问题。特别是在使用较薄的织物或渗透性强的染料时。由于绑扎牢度不足，染料渗透过多，往往会造成图案模糊不清，从而影响染色效果。因此，在绑扎过程中，应根据所选面料的种类、厚度、染料的渗透性能、图案的预期效果等因素来把握绑扎的松紧程度。

3.缝扎的针距不合适

缝扎是扎染工艺在扎结过程中的一种典型技术，可以缝制出各种不同的形状。但缝制时针距的大小会直接影响最终的印染效果。过大的针距往往会使图案分散，而无法呈现应有的形状；如果针距过小，会给染色带来困难，失去图案的外轮廓造型。

二、染色过程易出现的问题

1.染色不均匀

在采用折叠类的绑扎方法时，特别容易出现对称或连续图案无法完整呈现的情况。因此，在染色前对折叠的织物进行适当整理是非常必要的，尽量选择合理的折叠方法，使织物在相同染色条件下具有相同的染色效果。在染色时，也尽量减少对染料渗透的干扰因素。

2.染色时间控制不当

如果染色时间不足，会造成染料染色不充分，染色后的作品颜色深度不够。且染色缺乏层次和变化，不能充分展现扎染工艺的特色；如果染色时间过长，染料渗入织物过多，也很容易使图案失去应有的外观。因此，染色操作应根据所选染料的染色工艺要求进行。

非遗印象——白族扎染

在云南大理的周城村，自古就传承扎染工艺的制作，被称为白族扎染的发源地。唐代初期，白族地区的扎染工艺就已经很发达。白族扎染于2006年被正式列入了中国国家级非物质文化遗产名录。

白族扎染技法主要以折、叠、挤、缝、卷、撮为主，通过这几种技法的演化，派生出更多的扎缬方法。白族扎染的纹样多取材于当地的动物、植物等。最具代表性的扎染作品就是百图纹，整体图案由100种生活物品及动植物构成，每一种图案的针法组合均有不同。白族扎染染色方式主要以天然靛蓝冷染为主，选用的靛蓝染料是有防虫、清热解毒、预防感冒作用的板蓝根染料，制作出的环保无伤害产品非常受欢迎。白族扎染主要应用在门帘、床单、桌布、围巾、枕巾等日用生活品方面。

日本扎染

日本的扎染技术由中国传入。在唐代，日本不断派使者到中国学习扎染方法，之后日本扎染在与中国扎染的交融下开始本土化，并与手工刺绣等工艺结合，形成纤细华丽、内容丰富、色彩斑斓的艺术效果。日本扎染称为"Shibori"，由于日本扎染最先走向国际市场，"Shibori"也就成了扎染在国际通用的名词。日本扎染从捆扎方法、纹样的种类以及应用的方式都已形成了一套完整而统一的系统。根据捆扎方法，日本将扎染分为"Kanoko""Miura""Kumo""Nui""Arashi""Itajime"六种方式。日本的扎染风格与方法主要反映在两个地区：一是源于中国的京都扎染，具有唐代扎染的风格特征，"鹿子绞"是其典型代表；二是名古屋市的有松扎染，是日本近代扎染的代表，日本有100多种扎染技巧，其中90%在有松传承，有松扎染以蓝靛为主，纹样古朴，工艺简单，通过改变扎线粗细与来回次数的变化，染出各种图形纹样。

思考题

1.传统扎染工艺如何与现代产品设计有机结合？

2.不同绑扎技法与扎染图案的形成有什么样的关系？

3.扎染过程中应该重点注意哪些可能造成瑕疵作品的问题？

4.练习各种绑扎技法，并完成10幅扎染练习作品。

第六章
刺绣针法

课时导引： 10课时

教学目的： 掌握刺绣各种针法的基本运针方法，感受由于出针、入针点的改变带来针法与刺绣效果的变化，感受穿针引线带来的神奇，激励学习与传承传统刺绣技法的自觉性和积极性。

教学重点： 各种针法的刺绣技法。

自主学习： 了解我国少数民族的刺绣针法，并自主学习特色针法的刺绣方法。

第一节　直针绣法

一、劈针

劈针绣常用于绣制植物的茎，也可用于填充图案。绣制的要点是要注意被劈开的左右部分均匀（图6-1）。

（1）从反面出针后，在距离0.5厘米的位置入针。

（2）从第二针倒回第一针的1/2处穿出，把第一针左右劈成两半。

（3）在距第一针入针点半针的位置入针。

（4）每一针都与上一针重叠一半出针，并把线左右劈成均匀的两部分。

（5）绣制结束时最后一针从上一针的线尾处入针。

（6）绣制完成的线条形成辫子形状。

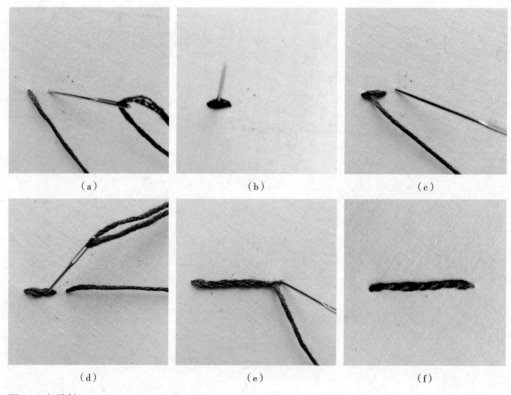

（a）　　　　　　　　（b）　　　　　　　　（c）

（d）　　　　　　　　（e）　　　　　　　　（f）

图6-1 | 劈针

二、回针

回针绣是能够不留空隙并能绣出最细线条的针法，绣法与劈针相同，都是要一边回针一边进行刺绣，区别在于正面与第一针不重叠。这种针法可以用来绣轮廓，甚至用来填充一些较满的图案（图6-2）。

（1）从反面出针后，在距离0.5厘米的位置入针。

（2）第二针倒回第一针的入针处刺入。

（3）以此类推，一段完整的回针绣制完成。

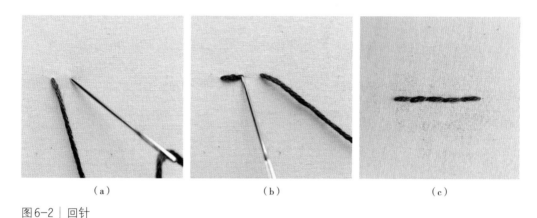

（a）　　　　　　　　　　（b）　　　　　　　　　　（c）

图6-2｜回针

三、扭针

扭针常用于绣制植物的茎和叶脉以及纹样的轮廓，是既能表现细线也能表现粗线的针法（图6-3）。与劈针一样都是回半针刺绣，区别是从绣线的侧边出针。在用此针法绣制弧线时应注意将针长缩短，以使线条更加流畅。绣制扭针过程中线条要注意粗细均匀，松紧适度，调整好进针、出针点，以保证绣出的纹样平顺、整齐。

（1）从反面出针后，在距离0.5厘米的位置入针。

（2）第二针从倒回第一针的1/2处穿出。

（3）拉紧第一针绣线，并往前继续绣一个和第一针等长的线。

（4）每一针都与上一针重叠一半，并从上一针侧边出针。

（5）依次循环一直重复，一段完整的扭针绣制完成。注意每一针的出针点要紧靠上一针的进针点。

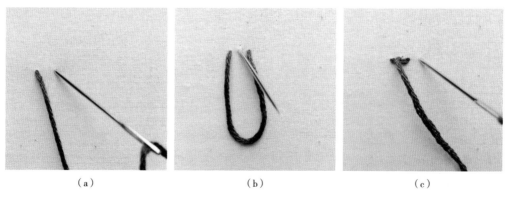

（a）　　　　　　　　　　（b）　　　　　　　　　　（c）

图6-3

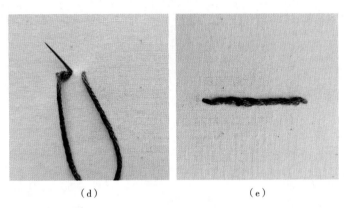

（d）　　　　　　　　　　（e）

图6-3｜扭针

四、直缠齐针

直缠齐针刺绣时绣线均为垂直线条，出针入针都贴合图案的外轮廓，边缘整齐，颜色一般不考虑过渡，根据设计风格绣线可粗可细（图6-4）。

（1）从刺绣区域的左侧，贴合外轮廓垂直运针，下方出针，再从上方外轮廓线处入针。

（2）第二针要贴合第一针绣制且保持平行，绣法与第一针相同。

（3）循环重复绣制，直至图案全部被填满。

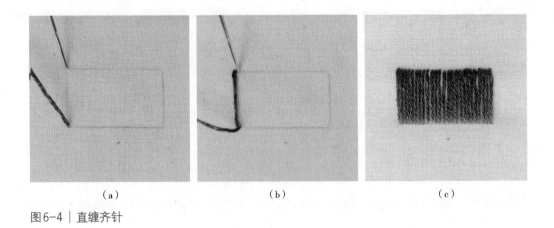

（a）　　　　　　　　（b）　　　　　　　　（c）

图6-4｜直缠齐针

五、斜缠齐针

斜缠齐针为斜向45度运针，经常被用来绣制小型的植物花草叶子，且绣线一般为单色（图6-5）。刺绣方法与直缠齐针一样，都是从一侧出针再从另外一侧入针。

（1）从刺绣区域的下方，贴合外轮廓从右侧出针，再从左侧外轮廓线处入针，绣线倾斜角度45度。

（2）第二针要贴合第一针绣制，且保持平行，绣法与第一针相同。

（3）循环重复绣制，直至图案全部被填满。

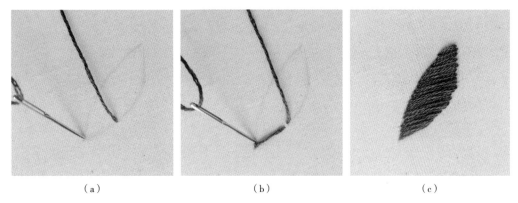

（a）　　　　　　　　　（b）　　　　　　　　　（c）

图6-5｜斜缠齐针

六、扎鳞针

扎鳞针是先用齐针铺地，再用缉针绣出鳞片的形状（图6-6）。

（1）首先在需要绣制的图案上用齐针铺满。

（2）在第一个鳞片的两个端点间拉一个直针。

（3）用针将这根绣线中间的位置拉到鳞片的弧线中点。

（4）贴合绣线在鳞片中点缉针固定一针。

（5）沿鳞片弧线固定若干针，以调整到最圆弧的状态。

（6）依次把所有鳞片缉绣出弧线形状。

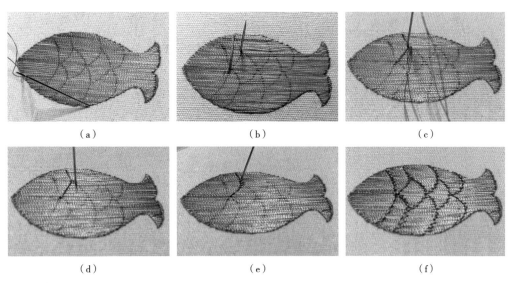

（a）　　　　　　　　　（b）　　　　　　　　　（c）

（d）　　　　　　　　　（e）　　　　　　　　　（f）

图6-6｜扎鳞针

七、正抢针

正抢针是从图案的顶端开始，一批一批地往下顺序绣制，不加压线（图6-7）。

（1）首先将图案分成高度大致相等的三批，从上端第一批开始绣，用齐针铺满。

（2）同样用齐针绣制第二批，注意第二批针脚的入针点要在第一批针脚的刺出点内一点点。

（3）第二批绣制完成后，用同样方法绣制第三批。

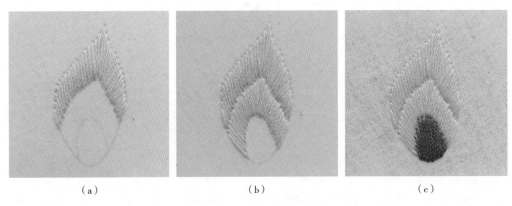

（a）　　　　　　　（b）　　　　　　　（c）

图6-7 | 正抢针

八、迭抢针

迭抢针是分批间隔绣，绣一批空一批，根据图案大小分批数量也不同（图6-8）。

（1）先将图案分成高度大致相等的四批，用齐针绣满第二批和第四批。

（2）同样用齐针绣制第三批，要注意针的刺入点和刺出点要在上下两批的头尾线条上，之间不能有间隙。

（3）第三批绣制完成后，用同样方法绣制第一批。

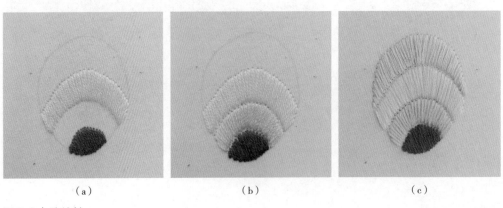

（a）　　　　　　　（b）　　　　　　　（c）

图6-8 | 迭抢针

九、反抢针

反抢针则是从图案的底端往上绣，由内向外层层绣出，除第一批外都要加压线，效果比正抢针和送抢针更立体（图6-9）。

（1）用齐针绣制最下面第一批。

（2）在第一批最宽的两个端点间绣一条横线。

（3）用针将这根绣线的中间位置拉到第一批的外轮廓弧形中点。

（4）齐针绣制第二批，从中间开始绣制，每一针都要将刚刚拉出的绣线压到下面。

（5）先绣制出第二批右侧部分，再从中间往左侧绣制。

（6）第二批绣制完成，拉出的横线被掩盖在第二批针脚下的绣线里。

（7）用同样的针法绣制最上面一批。

（8）绣制完成，注意每一批的横线都要被绷紧，才能绣得整齐、立体。

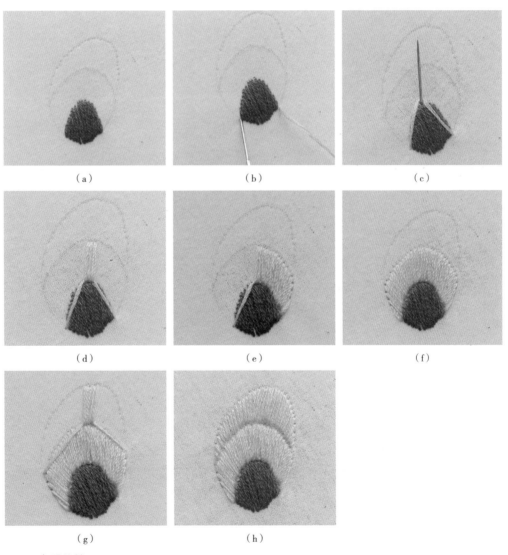

（a）　　　　　　　　（b）　　　　　　　　（c）

（d）　　　　　　　　（e）　　　　　　　　（f）

（g）　　　　　　　　（h）

图6-9 | 反抢针

十、平套针

平套针每一批的绣线相互穿插有序，针脚较为齐整，颜色从上到下过渡自然柔和，绣完后表面较为服帖（图6-10）。

（1）先绣第一批，用齐针铺满，针脚长度在1~2厘米，保持垂直齐整。

（2）第二批绣制方法与第一批相同，在第一批高度的1/2处重叠。

（3）第二批绣制完成效果。

（4）第三批上方针脚的刺入点与第一批重叠约1毫米，呈现与之相接的效果。

（5）用同样的方法来绣制第四批。

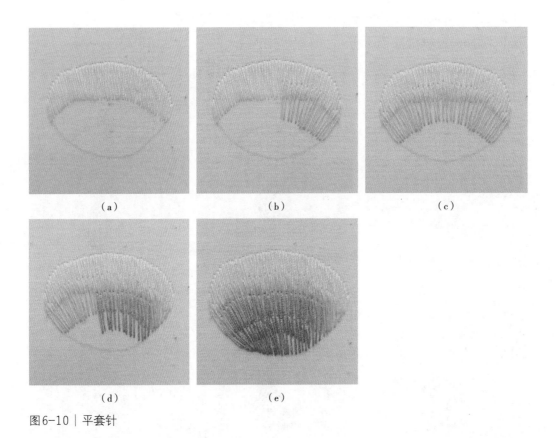

（a）　　　　　　　　（b）　　　　　　　　（c）

（d）　　　　　　　　（e）

图6-10 | 平套针

十一、平套针的变化针

平套针的变化针如图6-11所示。

（1）先选一个深色线，根据设计的轮廓用齐针绣制绣花瓣的下方中间部位，针脚垂直齐整。

（2）选主体花瓣颜色的线，用齐针绣制右侧部分。

（3）绣到与第一批深色部分相接的地方时，每隔一针要在深色部分1/2处出针，另一针在两批次相接处出针。

（4）到左侧部分，继续用正常齐针进行绣制。

（5）直至把所有花瓣绣制完成。

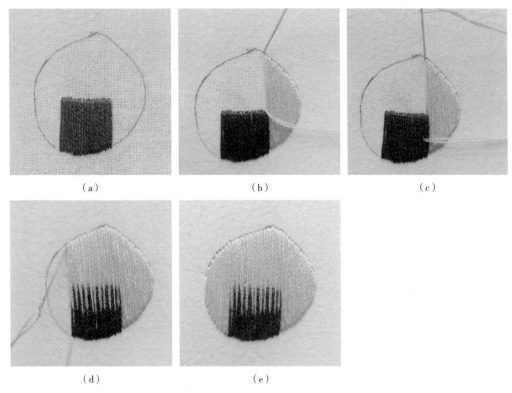

（a）　　　　　　　　（b）　　　　　　　　（c）

（d）　　　　　　　　（e）

图6-11 | 平套针的变化针

十二、散套针

散套针是刺绣绣品中最常用的针法，主要特点是颜色过渡自然，外缘整齐，排针细密，内部绣线长短参差，错落有致（图6-12）。

（1）起针时先绣一个小短针固定藏针，再从布料反面出针。

（2）第一针长度约0.8厘米，第二针略长，但一般不超过1厘米。

（3）一针长，一针短，依次从中心往两边绣制。

（4）第一批绣制针脚的长度不超过1厘米，需要注意的是针脚的上缘都在轮廓线上，但下缘针脚则是长短不一、参差不齐。

（5）用同色系较浅一些的线绣制第二批，第二批上缘的出针点在第一批针脚的中点或1/3的位置。

（6）第二批的针脚长短一致，但刺出点和刺入点的高度不一，上下错落有致，这也是和平套针最大的区别。

（7）第三批绣制时与平套针第三批类似，上方针脚的刺入点与第一批重叠约1毫米，呈现与之相接的效果。

（8）用同样的方法一批一批完成绣制。

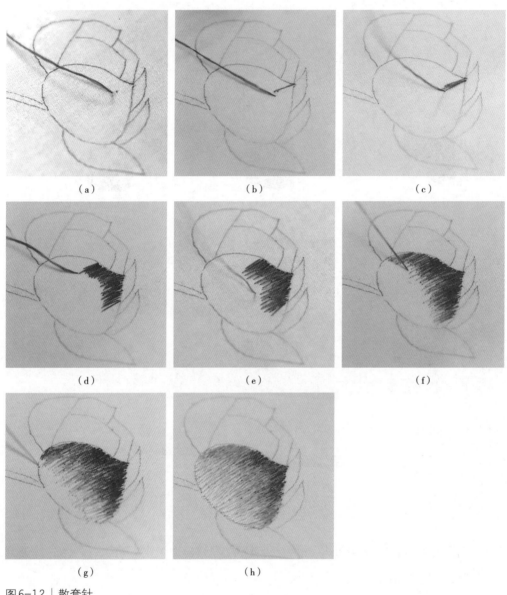

（a）　　　　　　　　（b）　　　　　　　　（c）

（d）　　　　　　　　（e）　　　　　　　　（f）

（g）　　　　　　　　（h）

图6-12｜散套针

第二节　环针绣法

一、扣眼针

扣眼针又称锁边针，经常用来锁扣眼或者给布边锁边，因此而得名。扣眼绣使用非常广泛，在贴布绣、蕾丝绣和抽纱绣中也经常会用它来处理布边（图6-13）。

（1）从反面引出针后，在右上角处入针。

（2）在第一针右侧0.5厘米的地方出针，并将绣线挂在针的右侧。

（3）第二针同样在右上角处入针。

（4）每一针都重复第一针的绣法，在上一针右侧0.5厘米的地方入针，绣线左侧出针。

（5）收针时固定绣线，在出针的同一个位置入针到反面打结收尾。

（6）一段扣眼针绣制完成。

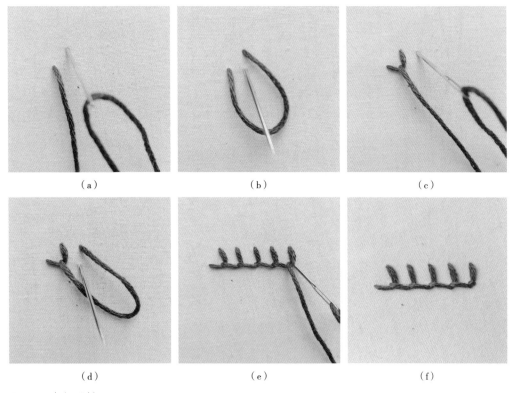

（a）　　　　　　　　　　（b）　　　　　　　　　　（c）

（d）　　　　　　　　　　（e）　　　　　　　　　　（f）

图6-13 | 扣眼针

二、羽毛绣

羽毛绣因其形状像羽毛而得名，羽毛绣是一种装饰性较强的刺绣针法，常用于绣制植物的枝叶或与其他针法一起作为装饰使用（图6-14）。

（1）在绣布上画出5条纵向的平行线，间距0.5厘米左右。从第五条线的上端出针后，在第三条线的相同水平位置入针。

（2）从第四条线出针，位置比第一针向下约0.5厘米，出针时绕过第一针的绣线。再水平向左，在第二条线上入针。

（3）第三针与第二针相同，位置比第二针向下约0.5厘米，从第三条线出针并绕过第二针的绣线，水平向左，在第一条线上入针。

（4）第四针开始从左往右绣制，绣法与前面相同。

（5）从第四针开始绣制到最右侧，再从右往左绣制，下面以此类推。

（6）收针时固定绣线，在最后出针的同一个位置入针，到反面打结收尾。

（7）绣制完成。

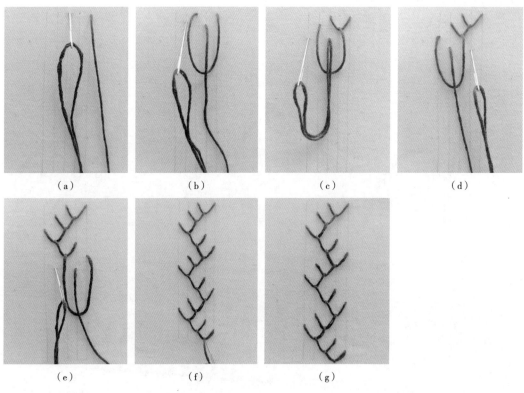

（a） （b） （c） （d）

（e） （f） （g）

图6-14 | 羽毛绣

三、锁链针

锁链针是由绣线环环相扣为锁套，绣制效果似一根锁链而得名。绣制时每一个环扣保持均匀的大小能够更加美观（图6-15）。

（1）从面料背面出针，紧贴出针点右侧刺入，并从正上方0.5～0.8厘米处刺出，出针时用针压住线。

（2）完成第一个线圈，下一针从上一个线圈内侧刺入，出针时用针压住线。

（3）用同样针法依次绣制完成，每一个线圈闭合相扣。收针时绕过绣线，在线圈外侧入针到反面打结收尾。

（4）一段完整的锁链针绣制完成。

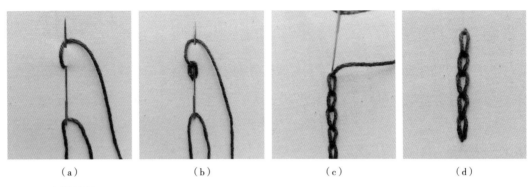

（a）　　　　　　（b）　　　　　　（c）　　　　　　（d）

图6-15 ｜ 锁链针

四、开口锁链针

开口锁链针每一针近似方形，针迹像梯子一样，根据开口大小可以绣制出宽窄不同的纹样（图6-16）。

（1）从面料背面出针，在出针点右侧距离一定宽度处入针。

（2）在第一针出针点正上方0.5~0.8厘米处刺出，出针时绕过第一针绣线。

（3）在第一针入针点正上方0.5~0.8厘米处刺入，入针点在第一针绣线内侧。拉紧第一针的绣线，就形成了开口辫子股。

（4）用同样针法依次绣制。

（5）收针时先在左侧固定绣线。

（6）在右侧固定绣线。

（7）绣制完成。

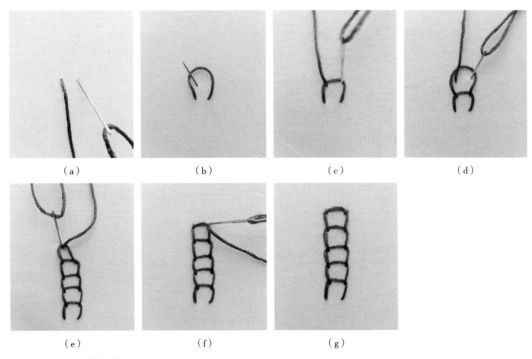

（a）　　　　　　（b）　　　　　　（c）　　　　　　（d）

（e）　　　　　　（f）　　　　　　（g）

图6-16 ｜ 开口锁链针

五、打籽针

打籽针是通过打结形成的点状针法。它通过调整绣线的粗细、绕线的圈数，可以产生不同大小的结粒。在绣制时绕线的松紧程度不同，结出的籽松散、紧致程度也不相同（图6-17）。

（1）反面引出针后，右手拿针，左手拉线，在针上绕两圈，将绣线拉紧，使其紧绕在针上不松散，如果想把籽打大一些，可以多绕几圈。

（2）从出针点旁边入针，入针时左手拉线，调整结的形状。

（3）在布的反面抽出针，拉紧调整好就成为一个籽了。

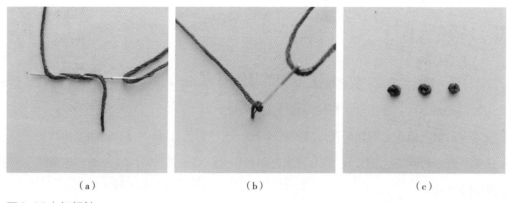

（a） （b） （c）

图6-17 | 打籽针

六、拖尾打籽针

拖尾打籽针绣制要领与打籽针绣相同，不同在于出针与入针的位置之间有一定距离。拖尾打籽针经常用于装饰性较强的画面绣制（图6-18）。

（1）反面引出针后，用线在针上绕两圈。

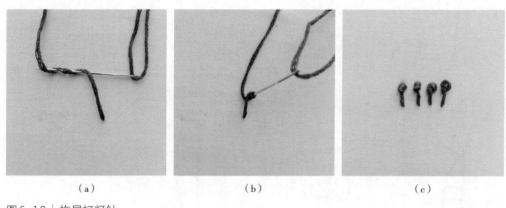

（a） （b） （c）

图6-18 | 拖尾打籽针

（2）入针位置要与出针点有一定的距离，这个距离就是拖尾打籽的"尾巴"。绣制时可根据需要调整两点之间的距离。

（3）在布的反面抽出针，拉紧线完成一个籽的绣制。

第〇节　经纬绣法

一、十字挑

（1）反面引出针。

（2）右上方入针，右侧出针。

（3）从第一针出针点的正上方入针，与上一针形成十字交叉形。

（4）一个十字挑针绣制完成，第二针从第一个十字挑针的右下点出针开始绣制。

（5）依次绣制出其余的十字挑针（图6-19）。

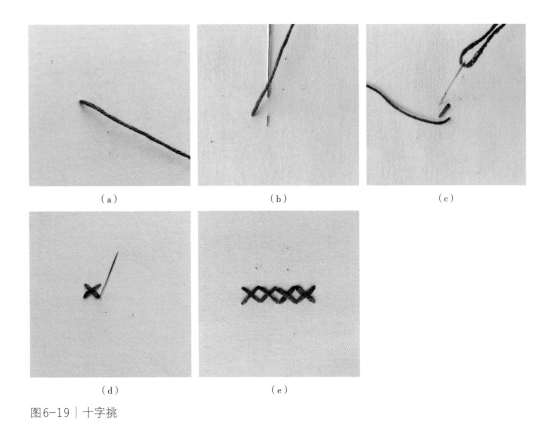

（a）　　　　　　　　（b）　　　　　　　　（c）

（d）　　　　　　　　（e）

图6-19｜十字挑

二、辫形挑

（1）反面引出针，右上方入针。

（2）左上方出针。

（3）第一针入针点的左侧入针，间距根据设计需要1~3毫米。绣完的两针呈倒八字形。

（4）从第一针上方1毫米处出针。

（5）按照第一个倒八字针的绣法依次往下绣。

（6）绣制完成（图6-20）。

（a）　　　　　　　　　（b）　　　　　　　　　（c）

（d）　　　　　　　　　（e）　　　　　　　　　（f）

图6-20 | 辫形挑

三、重叠十字挑

（1）反面引出针，右上方入针，水平向左出针，针距2~3毫米。

（2）从第一个出针点右侧1厘米处入针，同样水平向左出针，针距2~3毫米，形成一个上小下大的十字交叉形。

（3）以出针点为基点，重复第一步操作。

（4）按照第一个十字交叉针的绣法依次往下绣，相邻两针有2~3毫米的重叠。

（5）绣制完成（图6-21）。

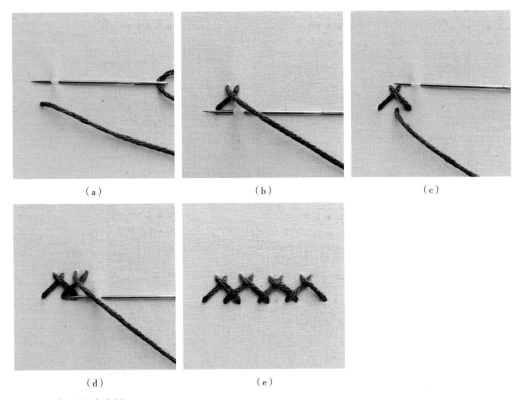

图6-21 | 重叠十字挑

四、双色重叠十字挑

（1）反面引出针，右上方入针，水平向左出针，针距2~3毫米。

（2）针从刚刚绣制的绣线下面穿过，并在第一个出针点右侧1厘米处入针，绣制一个上小下大的十字交叉形。

（3）水平向左出针，针距2~3毫米，并以出针点为基点，按照第一个十字交叉针的绣法依次往下绣。

（4）完成第一个颜色的重叠十字挑绣制。

（5）换一个颜色绣线，反面引出针，右下方入针，水平向左出针，针距2~3毫米。

（6）针从第一针绣线的下面斜向右上方穿过。

（7）入针后同样水平向左出针，针距2~3毫米。绣制出一个上大下小的十字挑，与第一个颜色的十字挑交叉重叠，方向呈垂直镜像。

（8）重复第一针的刺绣步骤，注意针在第二个颜色绣线下面穿过，并把第一个颜色的绣线压在下面，呈编织状态。

（9）依次绣制至所有针法完成绣制（图6-22）。

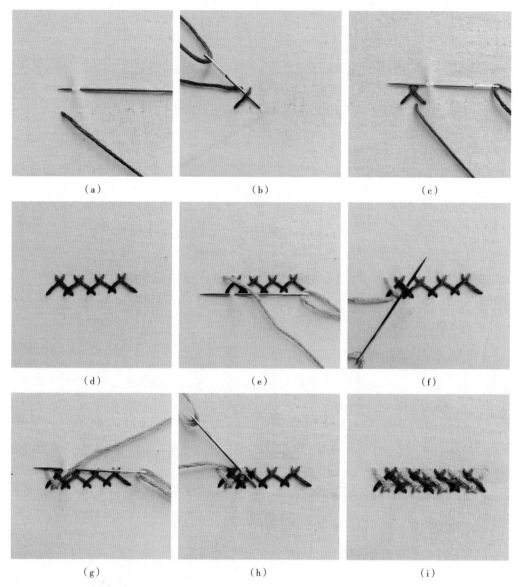

（a）　　　　　　　　　（b）　　　　　　　　　（c）

（d）　　　　　　　　　（e）　　　　　　　　　（f）

（g）　　　　　　　　　（h）　　　　　　　　　（i）

图6-22 | 双色重叠十字挑

五、山形绣

（1）反面引出针，在出针点右侧约4毫米处入针，再水平向左出针，针距约2毫米。注意出针点在绣线上方。

（2）右上方入针，水平向左出针，针距2毫米。

（3）右侧4毫米处入针，再水平向左在上一个入针点出针，针距约2毫米。

（4）右下方入针，再水平向左出针，针距约2毫米。

（5）右侧4毫米处入针，再水平向左在上一个入针点出针，针距约2毫米。

（6）第一个山形针绣制完成，以此类推，向下再继续绣制。

（7）绣制完成（图6-23）。

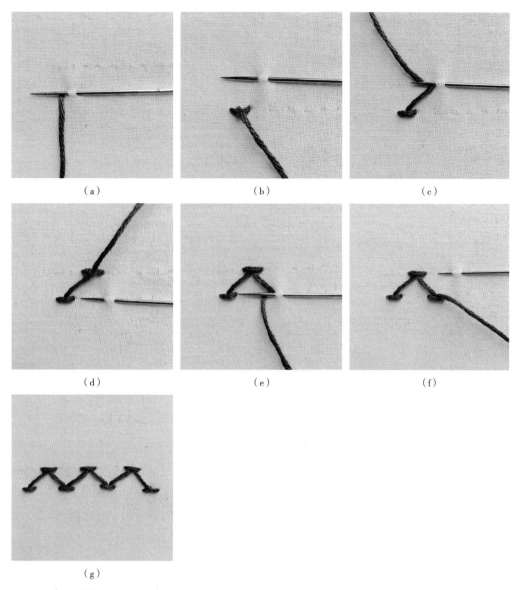

图6-23 | 山形绣

第四节　钉线钉物绣法

一、钉线绣

钉线绣需要两根针，一根针上的线是主线，一般用较粗的线，另一根针上的线是辅线，用来固定主线（图6-24）。

（1）主线出针后向右侧伸平。辅线用另一根针在离主线出针点一个针距的位置，贴着主线入针，并跨过主线入针，把主线钉住。绣制直线时针距一般为8mm，转弯处根据需要调整针距，确保线条流畅。

（2）重复第一个针法，直到终点附近。

（3）主线引针到布料反面，打结收尾。

（4）绣制完成。

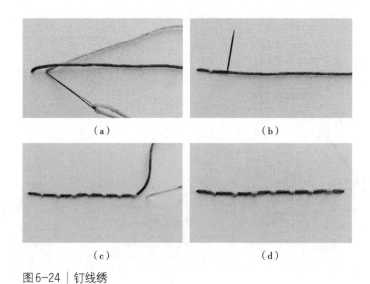

（a）　　　　　　　　　（b）

（c）　　　　　　　　　（d）

图6-24 | 钉线绣

二、拉锁子绣

拉锁子绣也叫挽针绣，同样需要用两根针，一根针穿钉线，另一根针穿主线绣线圈（图6-25）。

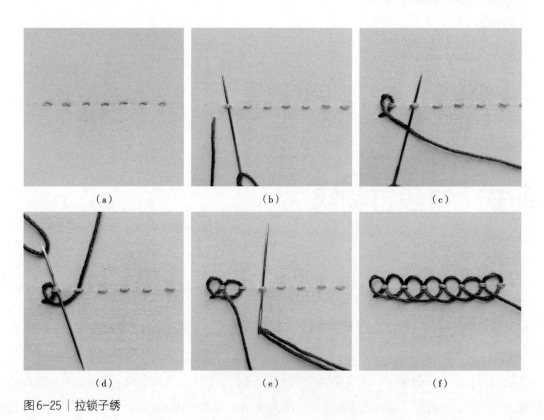

（a）　　　　　　　　（b）　　　　　　　　（c）

（d）　　　　　　　　（e）　　　　　　　　（f）

图6-25 | 拉锁子绣

（1）进行平针绣，正面针脚约2毫米，反面的针脚约5毫米。具体针脚大小根据主线的粗细以及所绕线圈大小而定。

（2）换一根针引主线，出针点在平针绣的左斜下方，并穿过第一个平针针脚。

（3）向左绕一个线圈后穿入第二个平针。

（4）再倒回穿过第一个平针针脚。

（5）继续往前穿过第三个平针针脚。

（6）如此循环往复，完成所有拉锁子绣。

三、网格定线绣

（1）先横向绣出平行线。

（2）再纵向绣垂直平行线，形成格子形状。

（3）从右下角开始钉线，将纵横线的交叉点固定。

（4）一排一排分别固定，注意入针点和出针点尽量贴紧网格的交叉点。

（5）所有交叉点定线完成（图6-26）。

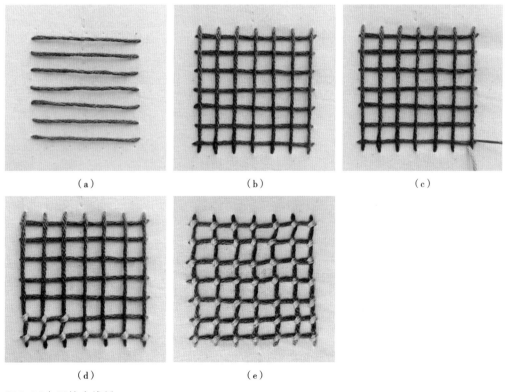

（a）　　　　　　　　（b）　　　　　　　　（c）

（d）　　　　　　　　（e）

图6-26 | 网格定线绣

四、蜂巢绣

（1）先横向绣出平行线。

（2）再斜向绣平行线。

（3）从另一个方向绣斜向的平行线，并与前面绣制的网格上下交错。

（4）反复交错穿线。

（5）绣制完成（图6-27）。

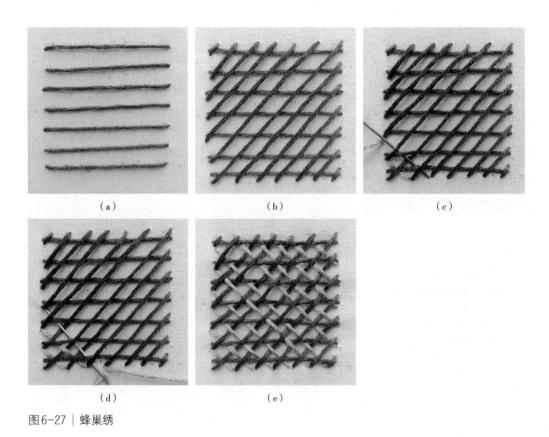

（a）　　　　　　　　　　（b）　　　　　　　　　　（c）

（d）　　　　　　　　　　（e）

图6-27｜蜂巢绣

五、铺绒绣

先用主线铺一层绣出底纹，再用彩色绒线作为编织线，按照预先设计的纹样有规律地与底纹垂直交叉编织，绣出几何图案的编织纹（图6-28）。

（1）用直缠齐针绣底纹。

（2）换一根针引编织线，贴合着底线右侧出针，从右到左，挑6、压2、挑6，横向穿过底线。

（3）贴合着底线左侧入针，紧挨着从上方出针，再从左到右，挑4、压2、挑2、压2、挑4，横向穿过底线。

（4）从右到左，挑2、压2、挑2、压2、挑2、压2、挑2，横向穿过底线。

（5）从左到右，压2、挑2、压2、挑2、压2、挑2、压2，横向穿过底线。

（6）再依次重复第四步、第三步、第二步的步骤，完成绣制。

（a）　　　　　　　　（b）　　　　　　　　（c）

（d）　　　　　　　　（e）　　　　　　　　（f）

图6-28｜铺绒绣

六、夹锦绣

（1）用第一个颜色斜向绣平行线。

（2）换第二个颜色的绣线从另外一个方向绣斜向平行线，与第一批平行线形成菱形网格状。

（3）用第一个颜色线紧贴着第一次平行线的入针出针点绣第二批平行线。

（4）用第二个颜色线紧贴着同色平行线的入针出针点绣第二批平行线。

（5）如此循环往复层层叠压，直到铺满完成绣制（图6-29）。

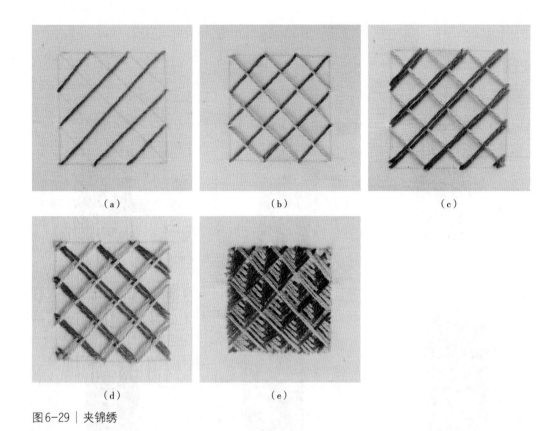

（a）　　　　　　　　　（b）　　　　　　　　　（c）

（d）　　　　　　　　　（e）

图6-29 | 夹锦绣

思考题

1.传统刺绣工艺如何与现代产品设计有机结合?

2.练习本章学习的各种针法。

3.综合利用多种针法，创作完成一幅直径为30厘米的刺绣作品。

第七章
缝制工艺技法

课时导引： 10课时

教学目的： 掌握各种缘饰工艺的缝制技法，感受缘饰工艺的精湛和艺术魅力，激发民族自豪感，提高学习与传承传统缝制工艺的自觉性和积极性。

教学重点： 了解镶、绲、嵌、宕、盘的缝制技法。

自主学习： 了解不同面料缘饰的缝制方法，并自主练习。

第一节　材料准备

一、实验材料及工具

糨糊、刮浆刀、面料、剪刀、针、线、尺、熨斗、缝纫机等。

二、面料准备

对于镶绲等工艺用的面料处理方法有两种：一是传统的方法刮浆，二是现在常用的方法粘衬。这两种方法各有优缺点，用刮浆制作的效果更平整服帖，但是不耐洗，并且操作起来麻烦。粘衬操作比较简单，但薄的面料容易透胶。

1.刮浆

因为直丝不易变形，刮浆须按照面料直丝方向来刮，一般是将整块面料先刮浆，再按需求裁成斜丝布条。

刮浆用的糨糊可以买专用糨糊，也可以自己制作。自制糨糊是用小麦粉和成面团，洗出面筋后，用剩下的淀粉水加热成半透明状（图7-1）。自己制作的糨糊比较好用，更容易刮薄、刮均匀。

刮浆前把面料熨烫平整后，反面朝上平铺在案板上，为了防止刮浆的时候面料滑动，可以用胶带固定面料边缘，以防止面料滑动（图7-2）。

图7-1 | 自制糨糊

图7-2 | 用胶带固定面料边缘

刮浆板可以用厚一点的卡片。刮浆的时候一定要按直纱方向刮均匀，最后检查并补全漏刮的地方，保证每个地方全部均匀上浆（图7-3）。

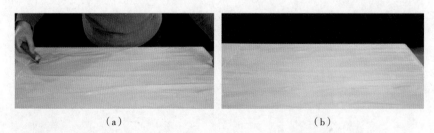
（a）　　　　　　　　　　　　　　　　（b）

图7-3 | 刮浆

刮浆后把面料放到通风的地方晾干，晾干时要保证纱向顺直放置。晾干后的面料会变硬，边缘会卷曲，用之前需先熨烫平整，熨烫的过程中可以喷蒸汽，轻轻熨烫，不能太用力（图7-4）。

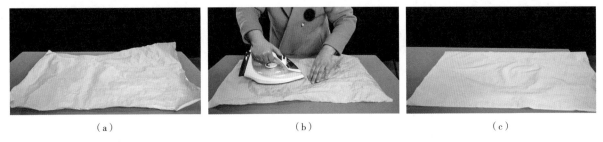

（a）　　　　　　　　　　（b）　　　　　　　　　　（c）

图7-4｜熨烫

2.粘衬

把面料熨烫平整后反面朝上平铺在案板上，将衬带胶的一面朝下平铺到面料上，纱向跟面料一致。先用熨斗把衬轻敷在面料上，确保无褶皱后再用力粘牢。反面粘好后，再把面料翻到正面熨烫平整（图7-5）。

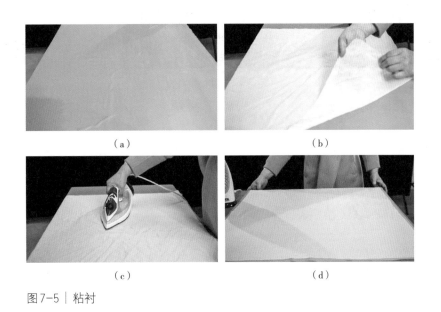

（a）　　　　　　　　　　（b）

（c）　　　　　　　　　　（d）

图7-5｜粘衬

3.裁剪

缘边装饰的布条一般需裁45度正斜丝，裁布条的时候，尽量裁长一点，减少拼缝。用尺子在面料上按照45度方向画出所需要的宽度，因为裁好的斜条在后期的熨烫和缝制过程中会有一定程度的拉伸变窄，所以宽度可稍微多裁约0.5厘米（图7-6）。

4.拼接

斜条不够长需要进行拼接时，先把布条正面朝上，两端修剪成平行的45度角。将布条正面相对，缝份平行放置进行缝制。缝制时起针和落针位置要在两布条的交叉点上。注意不要打倒针，为了防止线头脱散，可以把针距调小。缝制完成，修剪缝份剩余0.5厘米（图7-7）。

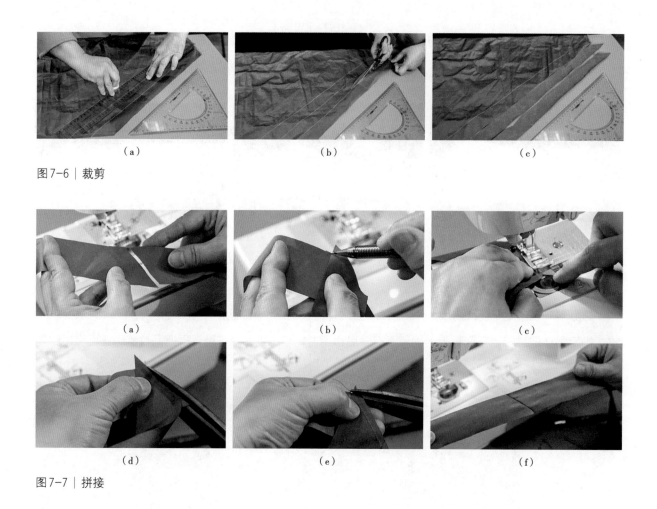

（a）　　　　　　　　　　（b）　　　　　　　　　　（c）

图7-6｜裁剪

（a）　　　　　　　　　　（b）　　　　　　　　　　（c）

（d）　　　　　　　　　　（e）　　　　　　　　　　（f）

图7-7｜拼接

第二节　传统手缝针法技艺

一、平缝针

平缝针要求针距相等，将双层面料正面相对，针以自右向左的顺序，从反面将线穿到正面，间隔一定距离作为一针针距从正面入针，反面出针，以此反复循环形成平针线迹，一般连续运针3~4针后拔出。针距约为每3厘米缝制15针，也可根据面料性能和工艺特点调整针距（图7-8）。

二、回针

回针也称"倒钩针"，回针针法具有较好的稳定性能，常用于需加固部位面料的缝合和拼接，如裤裆、领圈等容易拉伸的弧线部位。与回针针法相似的有半回针、倒扎针。

从右向左运针，从位置1处将针从反面穿出面料，再向后一针距离将针从正面插入，接着向前大约两个针距长出针。最后返回至位置1入针，如此循环往复，即为回针。此针法的针脚互相连接，前面线迹类似缝纫机机缝的针迹，清晰连续，背面线迹相互重叠。针距约为每3厘米缝制15针，也可根据面料的性能和工艺特点调整针距（图7-9）。

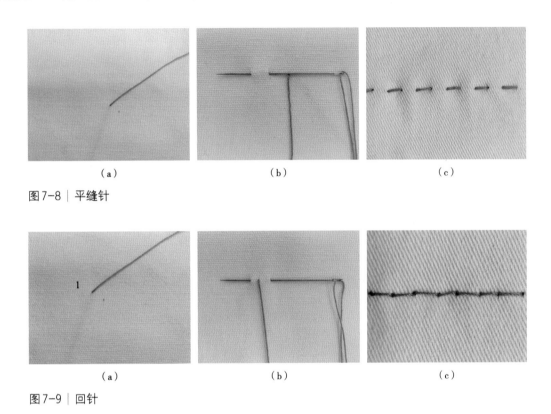

（a）　　　　　　　　　　　（b）　　　　　　　　　　　（c）

图7-8 | 平缝针

（a）　　　　　　　　　　　（b）　　　　　　　　　　　（c）

图7-9 | 回针

三、倒三角针

倒三角针也称"花绷针"，从左向右运针，在位置1处将针穿出面料，向右上方运针，在位置2处自右向左入针挑起1~2根纱线，在位置3处步骤与位置2处相同挑起下层面料1~2根纱线，如此反复操作。上针缝在面料反面，离贴边边沿0.1厘米，要求正面不露线迹，常用于卷边部位的固定、背衬材料的缝合，也可用作装饰（图7-10）。

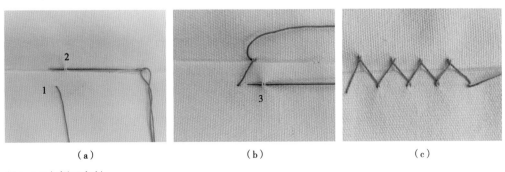

（a）　　　　　　　　　　　（b）　　　　　　　　　　　（c）

图7-10 | 倒三角针

四、套结针

套结针是从衣片的反面穿出，先用双线来回缝3~4道宽度约0.6~1厘米的横向线作为衬线，衬线需排列紧密，然后自上而下按锁眼的缝法将衬线锁满，缝线须将衬线下面的面料一起缝住，针距要求密而整齐。常用于服装开衩和封口部位的加固（图7-11）。

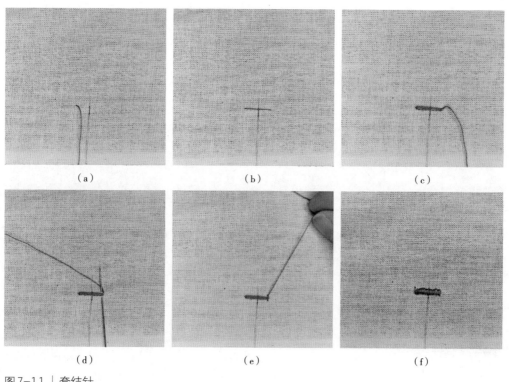

（a）　　　　　　　（b）　　　　　　　（c）

（d）　　　　　　　（e）　　　　　　　（f）

图7-11 | 套结针

五、斜扎针

以直针斜线浅挑，斜扎针针迹为斜向，针距可根据情况而定，服装缝合完成后再把扎缝线拆掉，多用于固定服装边缘部位贴边等（图7-12）。

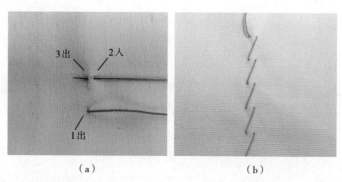

（a）　　　　　　　（b）

图7-12 | 斜扎针

六、缲针

缲针也称缭针，分为明缲针和暗缲针两种。明缲针又称扳针，暗缲针又称暗针。缭针针法是自右向左缝，从上层织物的位置1处用针尖挑起面布的1～2根纱，缝针至下层折叠的贴边位置2处，与其固缝。暗缲针正面和贴边处均不露线迹。每针间距0.3～0.5厘米，缝线松紧适宜，常用于服装的贴边等处（图7-13）；明缲针正面不露线迹，贴边处有斜线露出（图7-14）。

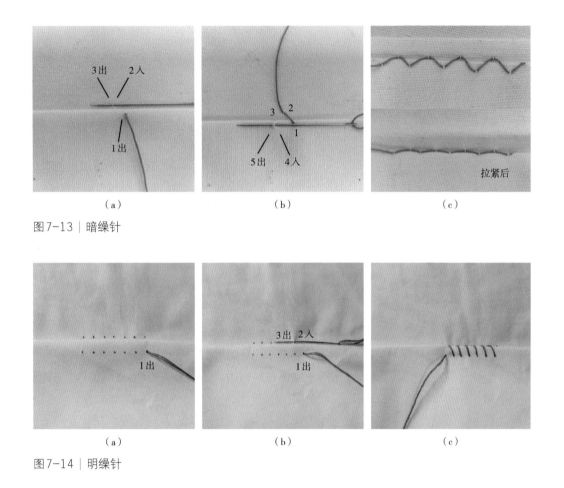

（a） （b） （c）

图7-13 | 暗缲针

（a） （b） （c）

图7-14 | 明缲针

七、拱针

拱针又称星点针，线迹隐藏在面料内，正面针迹排列整齐，较细短，针距可根据工艺需求调整，自右向左，循环往复，常用于衣片的边缘，有装饰效果，也可加固衣缝（图7-15）。

八、拉线襻

拉线襻的操作手法分套、钩、拉、放、收五个步骤，入针时将线头藏于面料内，出针后使线呈圈状，再用手钩线入圈内，下端拉紧，上端形成第二个圈状。再钩线、拉紧，如此循环往复至所需长度，最后将针穿过线圈收紧缝于里上。常用于衣服下摆缝处活面与活里的连接（图7-16）。

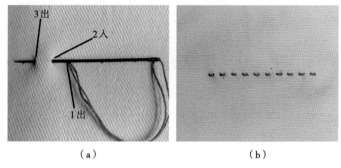

图7-15│拱针

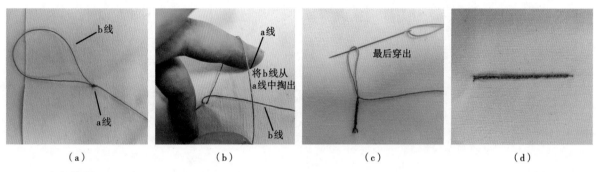

图7-16│拉线襻

九、锁边针

锁边针也称锁针、包边针。从左向右缝，在位置1将针自前向后穿入面料，在位置2处使缝线压在针下面后，将针引出，如此反复。此针法常用于修饰布料布边，防止毛边松散，锁边针可以有多种变化形式（图7-17）。

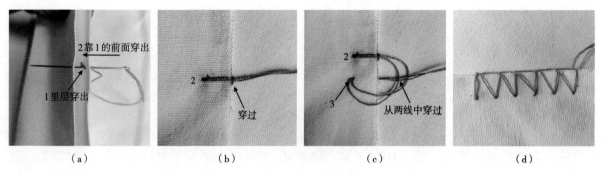

图7-17│锁边针

十、绗缝针

绗缝针是中国传统手针工艺的基本针法之一，与直针缝类似，针脚比直针长。绗缝针针法从右向左缝，每个针脚的长度均在3厘米左右或根据工艺需要调整。此针法用于填充物与面里的固定，或多层织物的临时固定等（图7-18）。

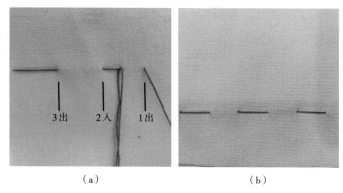

（a）　　　　　　　　（b）

图7-18 ｜ 绗缝针

十一、贯针

缝制时，将面料缝份向内折，从其中一片的反面入针，在正面1处出针，从对面面料2处入针，3处出针，针上下运走，针距0.3厘米左右。线迹在衣缝处，衣料正面不露出针迹。缝制时注意上下两层松紧适宜，不涟不涌，缝线顺直（图7-19）。

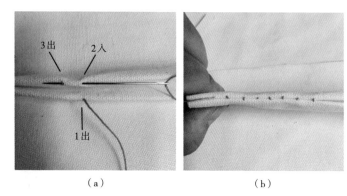

（a）　　　　　　　　（b）

图7-19 ｜ 贯针

第二节　缘边缝制工艺技法

一、单绲边的制作

单绲边的制作，按照缝制工艺的不同有三种方法，三种方法第一步都是把绲边布条，在正面按照所需要的宽度缉缝好（图7-20）。

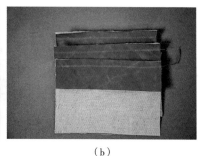

（a）　　　　　　　　（b）

图7-20 ｜ 单绲边布条

方法一是反面暗缲法，绲边布条向反面扣烫，绲边布在反面的扣烫宽度恰好盖住缉缝的第一道线，然后用手针暗缲缝固定（图7-21）。

（a）　　　　　　　（b）

（c）　　　　　　　（d）

图7-21 │ 反面暗缲法

方法二是正面缉缝好后向反面扣烫，反面绲边的宽度盖过缉缝的第一道线0.1厘米，然后正面朝上在绲边上缉缝0.1厘米明线（图7-22）。

（a）　　　　　　　（b）

（c）　　　　　　　（d）

图7-22 │ 正面缉缝法

方法三与方法二不同的是最后一步，要沿着正面的缉缝线灌缝缝，这种缝法也叫漏落缝（图7-23）。

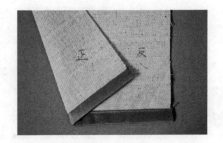

图7-23 │ 漏落缝

二、镶嵌制作

准备好镶条和嵌条，嵌条对折扣烫。先把嵌条按宽度0.2厘米和镶条净线对齐，缉缝固定到一起（图7-24）。

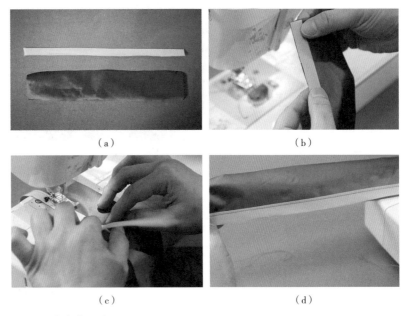

图7-24 | 嵌条固定

在衣片上画好镶条位置，镶条和衣片按照画好的线缉缝到一起，缉缝线与之前的固定线重合上。将镶条翻转，扣烫，画出镶条宽度，扣烫（图7-25）。

图7-25 | 镶条制作

为了便于后面的缝制，先用手针将镶条和衣片撩缝到一起。最后手针暗缲缝将镶条另一侧和衣片固定到一起（图7-26）。

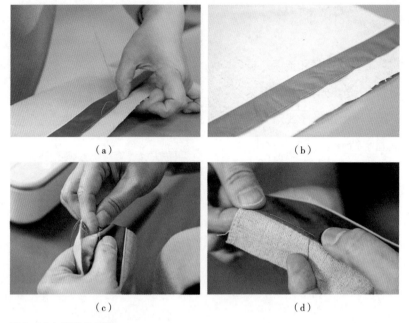

（a）　　　　　　　（b）

（c）　　　　　　　（d）

图7-26 ｜ 镶嵌条固定

三、镶宕制作

在衣片上画出镶条位置，镶条按照长度修剪好。把镶条一侧按净线和衣片固定到一起，缝到拐角处打倒针（另一镶条操作同上），注意在拐角处一定要缝到位。将镶片翻转、扣烫，拐角处45度斜线扣烫，并将缝份修剪为0.5厘米（图7-27）。

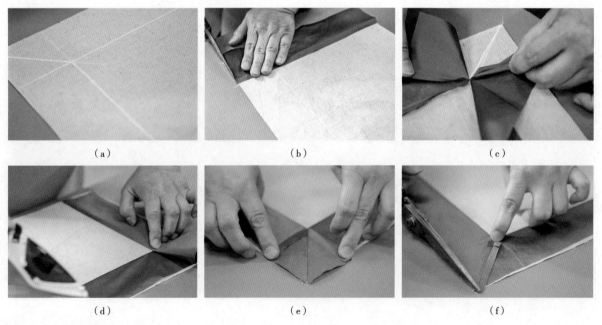

（a）　　　　　　　（b）　　　　　　　（c）

（d）　　　　　　　（e）　　　　　　　（f）

图7-27 ｜ 镶条制作

按照烫迹线将镶边对角线缝合，熨烫平整（图7-28）。

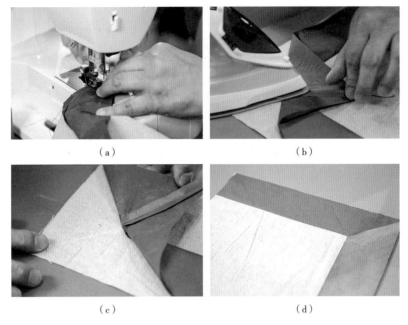

（a）　　　　　　　　（b）

（c）　　　　　　　　（d）

图7-28 | 镶边制作

制作双层宕条，先将宕条反面朝里对折扣烫，按照宽度把毛缝的一边与衣片缉缝。注意拐角处旋转衣片时，机针不抬起。翻转扣烫（拐角处烫成45度斜线）后，宕条另一侧用手针暗缲缝固定（图7-29）。

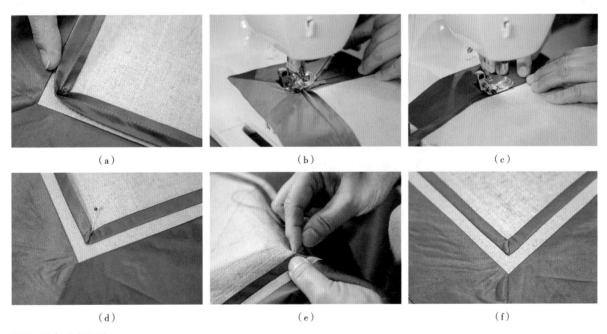

（a）　　　　　　　（b）　　　　　　　（c）

（d）　　　　　　　（e）　　　　　　　（f）

图7-29 | 宕条制作

四、盘

1.纽襻条制作

（1）双色布条制作：先准备两条刮过浆的斜丝布条，长度大约30厘米，宽度2~2.5厘米。沿两边分别缉缝，缉缝的两条线之间的宽度根据面料厚度略有不同，一般薄的面料0.4厘米，厚的面料0.5厘米。修剪两边缝份各剩0.5厘米，将其中一头修剪成尖角。将钩针从未修剪一头穿入，把缝好的纽条翻转至正面，熨烫（图7-30）。

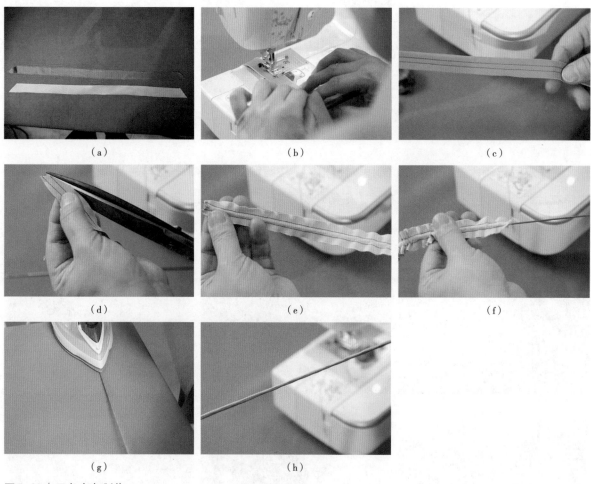

（a）　　　　　　　（b）　　　　　　　（c）

（d）　　　　　　　（e）　　　　　　　（f）

（g）　　　　　　　（h）

图7-30 | 双色布条制作

（2）单色布条制作：先准备粘衬或刮浆的斜丝布条，长度约30厘米，宽度3厘米。斜条对折扣烫，距离扣烫线0.4厘米缉缝一道线，把其中的一头线头留长，修剪成尖角，修剪缝份剩1厘米。用机针或钩针拉出线头把纽条翻转过来，如果不够饱满，可在纽条里塞一个布条（图7-31）。

2.盘纽

从距纽条一端10厘米左右开始，按图所示依次完成各步骤后，将线圈收紧。收紧的时候，注意图7-32（g）中用手捏住的那根线，要最后收紧。为使纽头盘得坚硬、均匀，可用镊子协助逐步盘紧，同时应注意尽量将缝合处盘在下面（图7-32）。

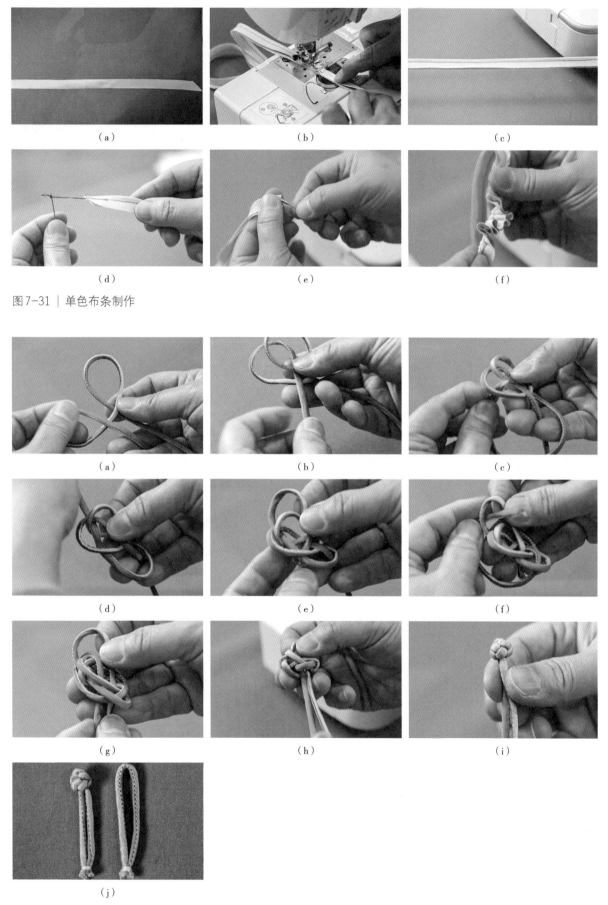

（a） （b） （c）

（d） （e） （f）

图7-31 ｜ 单色布条制作

（a） （b） （c）

（d） （e） （f）

（g） （h） （i）

（j）

图7-32 ｜ 盘纽

思考题

1.传统服饰缘边装饰面料在制作前要如何处理？可以用现代方法替代吗？两者各有什么优缺点？

2.试述手缝针法在现代服装制作中的作用。

3.各种缘边装饰工艺手法在制作的时候有哪些注意事项？

4.传统手工缝制工艺有保留和传承的意义吗？

第八章
扎染创新

课时导引： 10课时

教学目的： 掌握扎染创新的方法，并根据当代的时尚趋势和生活方式，设计并制作出符合当代审美和消费习惯的扎染作品，使流行趋势、消费者需求与传统手工艺互相融合，让传统技艺在现代生活中得到创新性传承。

教学重点： 扎染的审美精神及创新方法。

自主学习： 扎染在各领域的创新与应用情况。

第一节　扎染的创新方法

　　凝聚了中华民族千年智慧的传统扎染，其独特的装饰纹样及艺术感染力具有强大的生命力，经过历史的洗汰留存到现在，一直受到世人的青睐。在科学技术和商品经济高速发展的今天，随着工业化的发展和深化，人们的生活方式和审美情趣产生了巨大的转变。作为一项国家级非物质文化遗产，扎染如何适合当下这个时代，适合这个时代的生活方式，如何在保留传统技艺的基础上找到新的生命力是我们需要深入思考和不断探索的。

一、扎染的纺织材料创新

　　传统扎染由于受原材料和土织机织造技术的限制，一般为幅宽狭窄的原白色纯棉坯布。这种手工织造的白坯布现在不仅价格昂贵，不易获取，而且适用范围受限，不适合大众日常消费。

　　手工扎染面料比较受局限，一般采用纯天然成分的面料，天然纤维材料吸湿性高，利于上色，以棉、麻、丝、毛等为主，棉、麻、丝、毛等面料都是非常利于染色的扎染织物。在实际应用时，可根据所制作产品的不同，选择不同材质和性能的面料。

　　现代的纺织技术为扎染面料提供了非常多的选择，也为扎染广泛应用于各类产品提供了可能性。纱线的纱支、面料的克重、织物的密度、织物的组织结构等参数的变化，为我们提供了各种肌理和手感的扎染面料，使扎染者可以塑造各种风格的扎染作品。

　　仿手工织造的纯棉手捻纱老粗布、粗糙颗粒棉布等，布面粗犷质朴，有棉籽壳，适合刺子绣、禅茶用品等；纱线粗细均匀、平整细腻的精梳棉、苎麻面料等，更薄更细密，有些微透，适合夏季服装的扎染；生丝、竹节棉、素绉缎等材料，适用于夏季空调房的围巾披肩；人字纹、斜纹、灯芯绒等纯棉布，较厚且挺括，适用于冬季的服装、包袋等（图8-1）。

　　将不同天然纤维混纺在一起织造的面料，融合了各种天然纤维的优点，也广泛应用于现代扎染。例如，混纺棉麻是棉纤维和麻纤维按照一定的比例混合纺纱织成的面料，同时具备棉和麻的优点。弹性高，耐磨性好，挺括且有悬垂性，具有透气、舒适等优势，非常适合制作扎染服装。

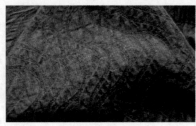

提花扎染面料

素绉缎

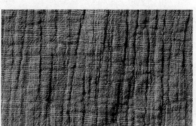
双层褶皱竹节棉布

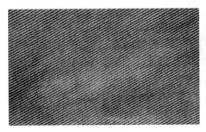  

斜纹纯棉布　　　　　　　　　　粗糙颗粒棉布　　　　　　　　　　纯棉灯芯绒

图8-1 | 各种扎染面料

二、捆扎创新

扎染的主要工艺特征是将织物打绞成结进行防染，浸染后将打绞成结的线拆除，得到晕色丰富的纹样。扎染的捆扎方式是历代民间艺人的智慧结晶，通过灵活多变的扎结方式展现织物的染色之美，得到风格各异、变化无穷的图案。在继承传统技法的同时，也要进行扎结方式在大小、松紧上的变化以及多次扎结等新的技法尝试。

毕业于中央美术学院的林芳璐借用传统扎花技法，将扎染没拆开时的肌理状态以艺术品的形式呈现，她凭借扎染艺术作品 *SHE* 成为2021年罗意威工艺奖大奖（Loewe Foundation Craft Prize）得主（图8-2）。林芳璐通过总结和分析传统扎花方法，进一步创作出具有现代气息的抽象构成纹样（图8-3），遵循这些抽象构成纹样，再扎出不同的立体形态。她将扎染技术与现代家居融合到一起，创作出极具个性化、具有收藏价值的艺术家居作品。她的艺术作品"私奔狂想曲""自由狂想曲""尽情圆舞曲"都是不可多得的经典之作，具有很高的观赏性和收藏价值（图8-4）。

图8-2 | 林芳璐的装置作品 *SHE*

图8-3 | 林芳璐作品中的抽象构成纹样

私奔狂想曲　　　　　　　　　自由狂想曲　　　　　　　　尽情圆舞曲

图8-4 | 林芳璐作品

　　扎染手工艺人应以材料和工艺为基础，不断地思考和尝试如何将其转化成表达自己心灵物件的创作探索，这意味着手工艺的学习其实应该是多维的，需要打开眼界，提升学养，了解多领域的艺术形式，尝试跨界的创作思维，用更接近传统的设计语言表达当代的文化模式和抽象观念，这才是活态的传承。

三、染法创新

　　传统扎染属于浸染，是将板蓝根、廖蓝等天然植物经过浸泡发酵后，再加石灰处理，形成膏状蓝靛，染色时，需要加石灰水配成染液，再加酒发酵，将靛蓝还原成靛白，并完全溶于碱性溶液才能给织物上色，最后经空气氧化恢复成不溶性的靛蓝而固着在织物上，从而形成鲜艳的蓝色。

　　现代扎染，除浸染外，还使用吊染、泼染、冰染等方法，从而可得到或粗犷或细腻，或古朴或清新，或浓艳或淡雅的多种风格的扎染图案。

　　吊染是一种特殊防染技法的扎染工艺，可以使面料或服装颜色由浅渐深或由深至浅，产生柔和、朦胧渐变的视觉效果（图8-5）。染制时需要将面料或服装吊起来，先后放入液面高度不同的染液，先低后高，分段逐步升高。染液先浓后淡，这样可以染出阶梯形的渐变效果。

图8-5 | 吊染服装

　　泼染法与中国国画的泼墨法类似，善于表现纹样的色彩和肌理，不能表现具象纹样，染出来的图案朦胧自然，似行云流水，花形抽象随意，风格多样、变化多端，极具吸引力。泼染是将染液泼或刷于织物面上，再撒上盐直至染液自然干燥。泼染时由于染料液体较多，为避免污染图案，需要将容器倾斜放置或将织物放在架子上再进行泼或涂刷，这样颜色就不会混合在一起（图8-6）。

图8-6 | 泼染方法及染制效果

　　冰染是一种让大自然控制的染色方法。需要使用冰块而不是水来扩散颜料。随着冰解冻和扩散，染料会随着织物的起伏随机地流动并沉积染液。只需要在织物上撒上粉状染料，再加上染料活化剂，然后堆上几层冰（也可以先放冰块再撒染料），就可以静待几个小时等冰块融化，最后冲洗晾晒就可以见证奇迹了（图8-7）。

（a）将绑扎后的面料放于格架　　（b）放置冰块　　（c）撒粉状活性染料

（d）静置6～12小时　　（e）冲洗　　（f）染好的作品

图8-7 | 冰染步骤

四、应用创新

在现代社会，越来越多的人追求穿着个性化和差异化，扎染以不可复制的独特艺术魅力受到消费者的追捧。如何将扎染工艺与当代生活方式深度融合，是传统手工艺发展亟须解决的重要问题。传统扎染唯有不断创新，与时俱进，才能保持旺盛的生命力。关键是要古为今用、推陈出新，实现优秀传统文化的创造性转化和创新性发展。

扎染元素在服装设计中的运用，增加了产品的审美性和艺术性（图8-8），应用于现代成衣也为商品带来了更高的附加值。越来越多的品牌将扎染元素融入产品设计中，2021年中国李宁与敦煌博物馆推出的"三十而立·丝路探行主题"服装展示中，将扎染艺术与运动休闲服装结合，给大众带来了极具个性的审美体验（图8-9）。

图8-8 | 扎染服装

图8-9｜2021中国李宁扎染服装

　　扎染工艺的传承和发扬丰富了当代人的日常生活，在家居生活中运用尤其广泛，扎染艺术可以延展到生活的任何空间。扎染的自然美，能够赋予空间整体的协调性，提升生活的温馨感受，赋予生活空间艺术气息，打造惬意放松的生活环境（图8-10）。还可以将扎染的色彩和图案附着在不同的材质上（图8-11），摆放在家居生活的任何角落，让身处其中的人，感受到源远流长的传统文化的温度。

图8-10｜绿地拾野川原木巢主题样板间设计

图8-11 | 扎染图案家居用品

　　文化内涵是文创产品的重要组成部分，也是最吸引消费者的内容。扎染作为优秀的非物质文化遗产，在产品研发时，要兼顾文化内涵和实用功能，在技法传承的基础上结合现代生活方式和审美习惯进行设计。扎染的创新传承，可通过创新设计与文创产品、休闲旅游品牌跨界融合，制作成手机壳、笔记本等文创及旅游产品，吸引年轻消费者群体，拓展传统扎染技艺的发展新空间（图8-12）。

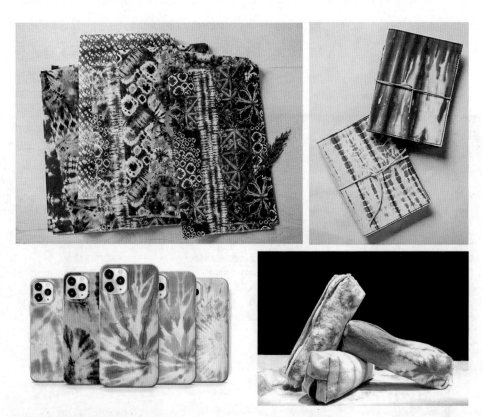

图8-12 | 扎染文创与旅游产品

　　扎染独具魅力、不可复制的图案纹样可以通过现代数字技术，进行再设计和精细化处理，使其与数码印花、包装设计、海报设计、墙纸设计、品牌形象设计等领域结合应用（图8-13），使扎染文化得到更为广泛的传承和发展。

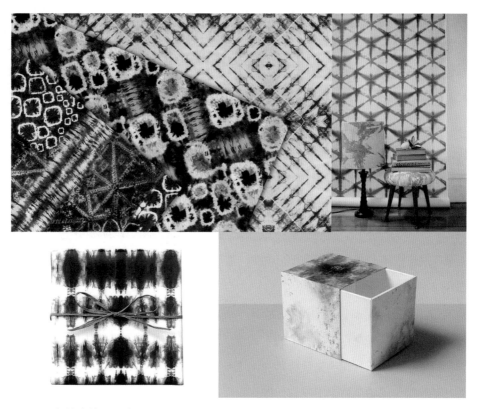

图8-13 | 扎染数码图案及应用

第二节　扎染创作案例

在扎染的教学过程中，注重培养学生传统技艺与传统文化养成教育的同时，引入当下的时尚理念，使学生具备当代的审美意识，将创新理念贯穿于教学始终，探索传统与时尚的有机融合。学生在学会传统与现代扎染的基本绑扎和染色技法后，利用朴素的棉布和靛蓝染料这两种主要材料，拓展思维，独立完成设计，创造出丰富的扎染作品。这些扎染作品的图案大多是意象或抽象的，力求表达出造物之美，充分展示了这一传统技艺的艺术魅力。

一、探索几何的秩序之美

几何规则纹样，通常是先将面料按照一定规律进行折叠，在折叠的基础上用夹板或筷子、木棍等两面夹紧系牢，经过染制后形成中心放射状或四方连续的网格状纹样。折叠的方法可以进行多种尝试，折叠以后的捆扎方式对最终纹样的形成也有非常大的影响。因此扎染几何纹样，重点在折叠和捆扎两个方面进行实践探索。

1. 小螃蟹（图8-14）

（1）材料准备：漂白细棉布1块、半圆形木板2块、一次性筷子2副、橡皮筋若干、燕尾夹及晾衣夹若干。

（2）创作说明：将方形的布料上下左右分别对折，然后就成了一个三角形，再将其余两个角向中心角折叠，又折成了一个三角形，然后在布料中心位置的

图8-14 | "小螃蟹"绑扎图及染制效果（李孟瑞）

角上下两面夹上一个半圆形木板，这样就会形成一个四瓣花，其余两个角用橡皮筋缠上形成圆圈纹路，四个棍子分别夹在两个边角上，产生分隔开的纹路，最后就形成了如图所示的花纹。

2. 窗（图8-15）

（1）材料准备：漂白细棉布1块、橡皮筋若干。

（2）创作说明：创作灵感来自童年家中的木窗棂，木头棂格规则中有着古朴的质感，窗外斑驳的影子有时会和规律的格子相混杂。运用先叠后扎的手法制作木窗的方形格子图案，先在中间部位进行长条状规律折叠，使格纹位于中央，上下不做处理，再将长条状进行风琴状折叠，最后将折叠部分用橡皮筋横向捆扎，之后全部放入染缸染蓝，上下不做折叠及绑扎的部分全部染成蓝色，以衬托中间的白色格子图案。

3. 叠影（图8-16）

（1）材料准备：漂白细棉布1块、半圆形木板8块、冰棍棒4根、橡皮筋若干。

（2）创作说明：将面料以方形豆腐块的折叠方式层层相叠，放置规律形状的半圆形木板夹紧，形成铜钱状的纹样，被夹住的部分也会由于染料渗透不匀，每层的染色度均不相同，就能呈现不同面积的图案。因为相叠，同样的木板能在每一层留下不同的影子。

4. 万花筒（图8-17）

（1）材料准备：漂白细棉布1块、半圆形木板6块、冰棍棒2根、橡皮筋若干，燕尾夹及晾衣夹若干。

（2）创作说明：找到方形面料的中心点，将360度进行16等分，围绕中心

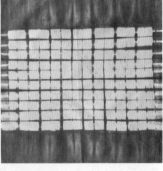

图8-15 | "窗"绑扎图及染制效果（王倩楠）

图8-16 | "叠影"绑扎图及染制效果（王倩楠）

点进行折叠，形成狭长的三角形。上下夹上半圆形木板，用燕尾夹及晾衣夹固定夹紧，扎染展开后就会形成对称的圆，靠近中心位置用木棍进行斜向捆扎会形成花朵的形状，最后花朵的形状和对称的半圆、圆的图案会像万花筒中看到的图案一样。另外，夹板本身的橘色染制后遗留在面料上的色块也给作品带来了意外的惊喜。

图8-17 "万花筒"绑扎图及染制效果（乔丹）

5.镜（图8-18）

（1）材料准备：漂白细棉布1块、方形木板2块、冰棍棒6根、橡皮筋若干，晾衣夹1个，手针以及缝纫线。

（2）创作说明：镜悬于宇宙中，如空无一物，周围的事物在黑暗中向它奔涌而去，所有的事物皆在无形中被吞噬，唯有最真实有形的事物能呈现于镜前。

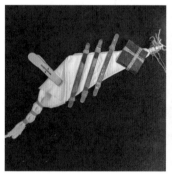

图8-18 "镜"绑扎图及染制效果（杜雨晴）

作品首先用针线在中心点处平针缝四圈后抽紧，在围绕面料的中心点做16等分折叠，再根据图案的设计规划用方形木板、冰棍棒进行捆扎，尾部用橡皮筋分段捆扎三圈，最后为了增加扎染后的层次感，将散在一边的角折叠并用晾衣夹稍作固定。整个作品采用缝扎、夹扎、捆扎相结合的手法，形成从中心向外扩散、有形无形相结合、对称有规律的花状图形。

6.镜向（图8-19）

（1）材料准备：漂白细棉布1块、冰棍棒4根、橡皮筋若干。

（2）创作说明：面料在折叠时打破了通常围绕方形面料中心进行折叠的惯例，将对折中心放到了面料的上下边缘，使传统大团花纹样的中心从中央转移到两侧，对称效果就会更加明显，视觉效果也会与传统的从中心发散的花纹不同。两侧一模一样的图案，可以制造出如同在镜中的对称画面。

7.异想世界（图8-20）

（1）材料准备：漂白细棉布1块、半圆形木板2块、冰棍棒4根、橡皮筋若干。

（2）创作说明：这件扎染作品采用几何图案，旋转对称布局。首先将面料折叠成三角形豆腐块，用冰棍棒做出八边形，半圆木板做出花瓣型，为了不使图案重复俗套，用大小不一的木条和不

图8-19 "镜向"绑扎图及染制效果（王倩楠）

一致的方向排列，使作品对称又不冗杂，复古又不烦琐。使用经典的蓝靛泥作为染料，使作品具有古朴、自然、大方的特点，复杂多样的几何图样透着变幻、多样、神秘的美。

8.幻（图8-21）

（1）材料准备：漂白细棉布1块、冰棍棒6根、橡皮筋若干。

（2）创作说明：扎染的图案诞生于我们手中，无论是什么绑扎方法都会产生独一无二的漂亮图案，一折一叠都是先祖的智慧结晶。本作品是在面料折叠成三角形豆腐块的基础上，又用6根冰棍棒将三角形分割为4个对称分布的等腰三角形，由于冰棍棒固定的比较松，经过染料的浸润，防白的地方也有染料浸入，呈现梦幻般的三角几何纹样。

9.方格魅力（图8-22）

（1）材料准备：漂白细棉布1块、圆形木板2块、橡皮筋若干。

（2）创作说明：本作品先将面料斜向折叠成长条，再用折叠方形豆腐块的方式叠成小正方形，中间夹上圆形木块，并用橡皮筋十字交叉进行绑扎固定。由于折叠方向不再是横平竖直，最终印染后呈现的方格与布边也有一定的角度，使本作品在规则中有动感，具有和谐中又不乏冲突的美感体验。

二、寻找自然之魅

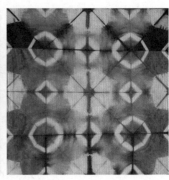

图8-20 | "异想世界"绑扎图及染制效果（郭启业）

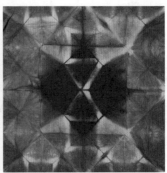

图8-21 | "幻"绑扎图及染制效果（于佩弘）

图8-22 | "方格魅力"绑扎示意及染制效果（曾昕源）

不规则纹样更加自由活泼，可以采用的绑扎技法也更多样化，给制作者提供的创造空间也更为自由宽广。通常对面料做更加自由的抓扎、缠裹、抽褶等技法处理，形成的图案随意性强、纹样变化丰富，能够产生制作者难以预料的效果，更适用于表现自然意境的题材。

1.源（图8-23）

（1）材料准备：漂白细棉布1块、冰棍棒2根、塑料绳1段、橡皮筋若干。

（2）创作说明：作品的创作灵感来源于大自然中的山泉，中心的水波纹是将中心部分夹一根塑料绳卷几圈，再抽紧做褶痕的方式，浸染的过程中颜色也会由里到外产生渐变效果。四个角折叠后用冰棍棒夹染做小花纹，来模仿山泉周围倒映的植物影子。

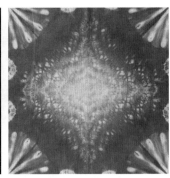

图8-23 | "源"绑扎图及染制效果（王倩楠）

2.星夜璀璨（图8-24）

（1）材料准备：漂白细棉布1块、橡皮筋1个。

（2）创作说明：云纹是扎染作品中最常见的图案之一，绑扎技法也较为简单。此作品是将普通云纹扎染稍作变化，只在中心区域抓折，并用一根橡皮筋进行固定，四角不做处理。染制后中间呈现云纹图案，四周为深蓝色，别有一番神秘深邃的感觉。

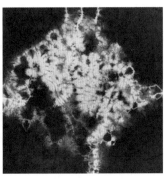

图8-24 | "星夜璀璨"绑扎图及染制效果（焦钰馨）

3.星河（图8-25）

（1）材料准备：漂白细棉布1块、塑料绳1段、不同粗细的冰棍棒4根、细木棍2根、橡皮筋若干。

（2）创作说明：将正方形布沿对角

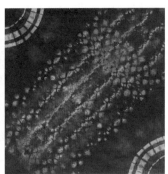

图8-25 | "星河"绑扎图及染制效果（林蕾）

线对折，从中间开始用较粗的绳子或布条卷起，大概卷到1/2的位置，将绳子抽紧系起，形成一束渐变、神秘的星河一样的鱼鳞纹，再找到两个相对的角，位置对齐，三等分折叠，用冰棍棒、木棍和皮筋进行绑扎。

4.花丛（图8-26）

（1）材料准备：漂白细棉布1块、冰棍棒2根、燕尾夹若干、橡皮筋若干。

（2）创作说明：将布料分成两部分，分别进行不同方式的捆扎，下半部分（约1/3的位置）折叠成长条形，中间用皮筋绑上冰棍棒，形成栅栏的形状；上半部分手抓出褶皱后，用橡皮筋绑扎固定，进行云彩染，像是花丛中零星绽放的花朵。扎染后展开就会形成像是带栅栏的花丛样式。

5.波（图8-27）

（1）材料准备：漂白细棉布1块、手针、缝纫线。

（2）创作说明：作品参考古老的民间印染技艺大理扎染，运用缝绞手法制作。规律的缝扎抽褶后的起伏状态呈"之"字形，经过染制，出现波光粼粼的水纹效果。简单的针线和布料经过长时间的手工缝制加工，所呈现出细腻丰富效果带来的惊喜是扎染馈赠给我们最珍贵的礼物。

6.霜（图8-28）

（1）材料准备：漂白细棉布1块、圆形木板6块、半圆形木板2块、一次性筷子4副、橡皮筋若干。

（2）创作说明：圆形木片和细木棍结合，通过多层规律的叠扎，由于折叠层数较多，加上较为紧致的绑扎，阻碍了染料的深层次浸入，而在布面上呈现霜花一样的对称图案效果。构图时以中间的大花纹为中心，周围的空白处规律分布的小花纹相呼应。此作品虽然是用规律几何图案效果的绑扎方法，但通过叠扎层数和松紧度的控制，几何形状的防染图形边缘模糊，形成了接近大自然中水汽凝华结晶成霜花的视觉效果。

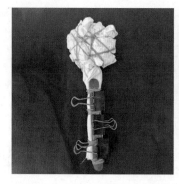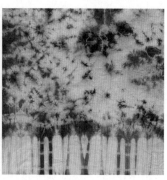

图8-26 | "花丛"绑扎示意及染制效果（乔丹）

图8-27 | "波"绑扎示意及染制效果（孟鑫瑜）

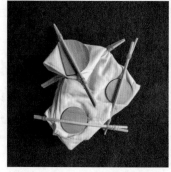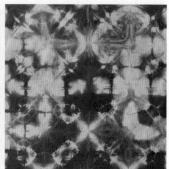

图8-28 | "霜"绑扎示意及染制效果（王倩楠）

三、几何与自然的融合碰撞

将规律的叠扎与自由随意的捆扎技法合理规划，并融合于同一幅作品中，能够创作出有序与无序、复杂与简单相互融合穿插的新形态、新秩序，作品风格更加奇特且变化万端，引发无穷无尽的创意。

1.浮游（图8-29）

（1）材料准备：漂白细棉布1块、橡皮筋若干。

（2）创作说明：作品两侧运用规律的叠扎方块的形式，做成方格形纹样，可以突出中间自由绑扎的水母花纹，增加画面的活泼性。中间的水母花纹运用了不规则的圆形捆扎方式，使两侧规律的方格纹富有生机而显得不沉闷。

2.案（图8-30）

（1）材料准备：漂白细棉布1块、半圆形木板2块、橡皮筋若干、手针和缝纫线。

（2）创作说明：作品图案灵感来源于少数民族案上桌布的常见纹样，将少数民族蜡染的图案进行简化，保留方形纹路中心有圆形团花的主要特征。将面料围绕中心点叠成三角造型，用半圆形木块夹染出团花纹样，四个角用塔式绑扎法制作出蜘蛛脚的细线纹理，其他部位用平针缝线后再略微抽紧的方法，整个作品层次丰富细腻，并呈现蜡染桌布花纹相似的效果。

3.荡漾（图8-31）

（1）材料准备：漂白细棉布1块、橡皮筋若干。

（2）创作说明：将方形面料做风琴状折叠，成为长条形，在两边分别用3根橡皮筋分段捆扎，中间部位自由散开，不做绑扎处理。中国画讲究留白，但扎染不做处理、不被捆扎的部分反而浸上了颜色，两边的捆扎部分有水波形的白色纹样，中间未做绑扎处理的地方仅有面料的折痕，呈现有规则感的波光粼粼的视觉效果。

4.窗花（图8-32）

（1）材料准备：漂白细棉布1块、冰棍棒2根、一次性筷子2副、橡皮筋若干。

（2）创作说明：将布以中心点为圆心，对折成16片扇形，中心点向下翻折

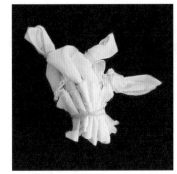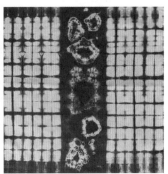

图8-29 | "浮游"绑扎示意及染制效果（王倩楠）

图8-30 | "案"绑扎示意及染制效果（王倩楠）

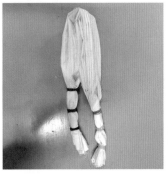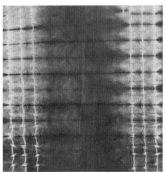

图8-31 | "荡漾"绑扎示意及染制效果（焦钰馨）

图8-32 | "窗花"绑扎示意及染制效果（杜雯）

后用橡皮筋固定。将布料的中间部分用雪糕棒、一次性筷子分段固定，布料的尾部均匀抓细小褶皱，并用多条橡皮筋绑扎固定。

5.福（图8-33）

（1）材料准备：漂白细棉布1块、冰棍棒2根、细木棍2根、橡皮筋若干。

（2）创作说明：留白和印染的部分相结合，最终呈现出正中央有一朵巨大花朵的图案。最外面部分特意用了细木棍局部捆扎，可以出现花瓣的效果。作品寓意富贵祥和、圆满顺遂，为即将到来的一年送上美好的祝福。作品既有浑厚的原始美，又有变换流动的现代美。图案的自然晕染所出现的艺术效果，给人一种如梦如幻的感觉。

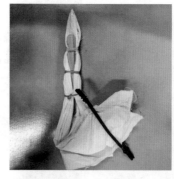

图8-33 | "福"绑扎示意及染制效果（焦钰馨）

6.心房（图8-34）

（1）材料准备：漂白细棉布1块、捆扎用塑料绳若干。

（2）创作说明：围绕方形布料的中心点，大致对折成12片扇形，用塑料绳从中心点开始，依次向下呈45度角斜向捆扎若干条，尾部自然散开。最后使用蓝靛泥建缸，染6～7次色，阳光曝晒后，在水中轻轻按压清洗，在阳光下曝晒一个星期左右。

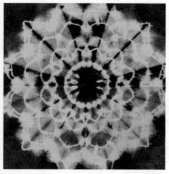

图8-34 | "心房"绑扎示意及染制效果（杜雯）

？ 思考题

1.扎染图案的创新可以从哪几个方面进行?

2.任意利用3种扎染的创新方法，完成3幅边长为50厘米的正方形扎染作品。

3.根据现代生活方式，综合运用多种绑扎技法，构思设计一系列扎染作品。

第九章
刺绣创新

课时导引： 10课时

教学目的： 掌握刺绣创新的方法，并根据当代的时尚趋势和生活方式，设计并制作出符合当代审美和消费习惯的刺绣作品，使流行趋势、消费者需求与传统手工艺互相融合，让传统技艺在现代生活中得到创新性传承。

教学重点： 刺绣的审美精神及创新方法。

自主学习： 刺绣在各领域的创新与应用情况。

第一节　刺绣的创新方法

中国传统刺绣是传统社会女性抒发对生活热爱和追求的真情实感的一个载体，不仅体现了中华民族深厚的文化底蕴，也承载着中华民族的基因和血脉，经过几千年的传承和发展，保留了不同历史时期的精粹，浓缩了不同民族的艺术特色，已经成为中华民族灵魂的一部分。在历史长河中，刺绣工艺一直在发展与变革，使这一文化瑰宝得以传承延续至今。在现代工业文明高度发达的今天，我们要将新的文化内涵融入这一传统手工艺中，延续它的精神命脉，使其不断焕发生机。

一、材料创新

构成一幅刺绣作品的材料主要有两种：底布和绣线。传统刺绣的服务对象主要是上层社会，通常以真丝为底布，绣线多为真丝绣花线及金银丝线等珍贵材料，绣线也通常劈得非常细，刺绣作品风格细腻，绣一幅作品通常需要很长的时间。

现代刺绣不再仅仅局限于在丝绸上刺绣，棉、麻、丝、毛、化纤、混纺、皮革等材质上都可以进行刺绣。绣线从材质到粗细都有很自由的选择空间，除了常见的丝、毛、棉等绣花线，头发、丝带、麻绳、布条等都可以作为绣线出现在现代刺绣作品中，而且线的粗细变化跨度也非常大，使得刺绣作品风格也表现出精彩纷呈的状态（图9-1）。具体在刺绣时，刺绣人员要综合考虑底布的材质、绣线的种类与刺绣纹样风格的协调统一。

（a）粗麻布为底布的作品　　　　　　　　　　（b）麻绳为绣线的作品

图9-1 | 刺绣的材料

现代刺绣还会用珍珠、亮片、宝石、贝壳等材料进行点缀，甚至纽扣、铃铛、塑料管等都可以放置到刺绣作品中（图9-2），不仅使绣品更加丰富多彩，而且能塑造刺绣的独特风格。

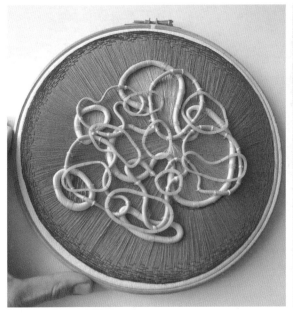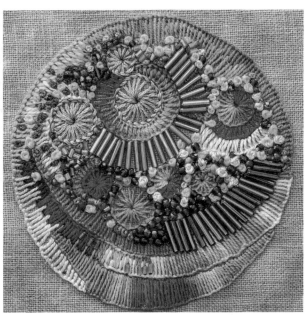

图9-2 | 塑料管、米珠、管珠等材料用于刺绣作品中

二、题材与图案创新

传统刺绣图案多以表达吉祥喜庆的美好寓意为题材，如表示清正廉洁的一品青莲，象征君子之道的岁寒三友，寓意长寿的松柏仙鹤，表达爱情的鸳鸯戏水，表示生活富足的年年有余等。传统图案大都有祥瑞、富贵之意，表达人们对未来美好生活的向往。图案形式讲究对称或均衡，给人以庄严稳定的视觉感受。

刺绣图案的题材与风格需要与时俱进，现代刺绣所表达的情感需要与现代文化连接，在现代多元文化背景中找到属于自己的位置，并与现代生活接轨。

出生在苏绣之乡、苏绣世家的张雪，在传承传统苏绣刺绣技法的基础上，对传统苏绣刺绣的题材和风格做了很多创新性尝试。他将年轻人感兴趣的科幻题材引入刺绣领域，创作的作品《星空》获2016年第十届银针杯金奖，作品采用二十多种不同的传统刺绣针法来表现宇宙。他用极套针绣太阳，从内往外层层发散的针法使观者从任何角度都能够看到太阳光线的闪烁；用刻鳞针、锁针、打籽绣、鸡毛针、抢针等针法绣制其他星球（图9-3）。

现代刺绣艺术家还将软陶、摄影、插画艺术、抽象艺术等元素和题材融入刺绣作品中，图案有描绘自然的超写实、美不胜收的插画、化繁为简的抽象图形、色块归纳的色彩构成等（图9-4），为刺绣的多样化发展提供了更广阔的空间。

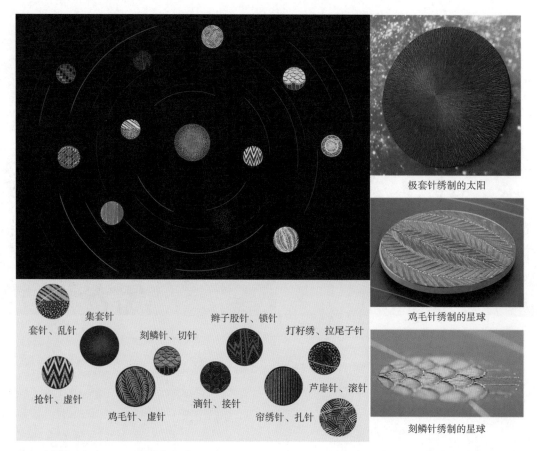

极套针绣制的太阳

鸡毛针绣制的星球

刻鳞针绣制的星球

套针、乱针　　集套针　　刻鳞针、切针　　辫子股针、锁针　　打籽绣、拉尾子针

抢针、虚针　　　鸡毛针、虚针　　滴针、接针　　帘绣针、扎针　　芦扉针、滚针

图9-3 | 作品"星空"及所用刺绣针法

图9-4 | 不同题材与图案的刺绣作品

三、针法变化

　　刺绣的针法变化主要体现在以下两个方面：入针点和出针点的改变、针法的重新组合。下面以扣眼绣为例，分析刺绣针法的变化方法。

　　传统扣眼绣的针法特点主要有：绣线绕过出针点得到环状结构；入针点与出针点成一条垂直线，且每一针间隔相同；所有入针点在一条水平线上，所有出针点也在一条水平线上，两者平行；出针点、入针点在所绕绣线的同一侧（图9-5）。

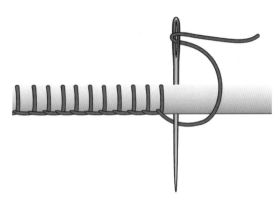

图9-5 | 传统扣眼绣的针法示意图

　　扣眼绣是一种既有实用功能也有装饰功能的刺绣针法，以上四个特点中，第一个特点保证了扣眼针实用功能的实现，要求每一针绣制的时候绣线都要绕过出针点而得到环状结构，这个环状结构能够保护布的边缘不脱线，这也是扣眼绣的核心特点。其余三个特点是有关于传统扣眼绣的外观特点，可在相应条件下进行变化，在挖掘它的装饰功能时，可以同时改变其中一个或多个特点进行针法的变化。

1.入针点、出针点垂直方向的斜度变化

　　在用扣眼针绣制时，改变入针点和出针点在垂直方向上斜度的变化，可以产生交叉状、三角形、V字形等装饰造型的扣眼针（图9-6）。当围绕一个圆形绣制扣眼针时，绣制出的是环状扣眼针，通常用来刺绣花朵类的图案（图9-7）。

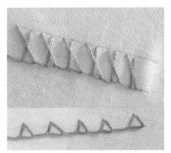

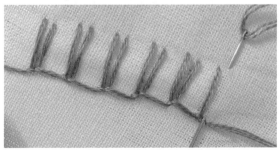

图9-6 | 改变入针点和出针点垂直方向斜度的扣眼绣针法

图9-7 | 环状扣眼针绣制的花卉类图案

2.入针点、出针点的水平方向的位置变化

根据绣制图形外轮廓的不同，改变入针点和出针点在水平方向的位置，可以绣出不同形状的扣眼针。可以保持其中一侧直边进行绣制（图9-8），也可以两侧的线条形状都进行改变（图9-9）。这样的变化应用到具体绣制的作品中时，装饰效果非常强烈（图9-10）。

图9-8 | 一侧直边的扣眼绣

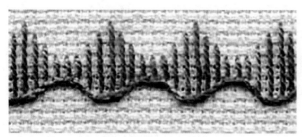

图9-9 | 两侧线条都改变的扣眼绣

图9-10 | 改变入针点和出针点水平方向位置的扣眼绣应用实例

3.出针点、入针点在所绕绣线的两侧不断变化

根据扣眼针法的实用功能，必须要保证绕线位置在面料的布边，出针点和入针点都在面料的那一侧。但如果仅仅用来作装饰，就可以打破这个限制，出针点和入针点可以在所绕绣线的两侧不断变化，这样可以绣制出有小叶片的藤蔓图案及各种各样的装饰花边（图9-11）。

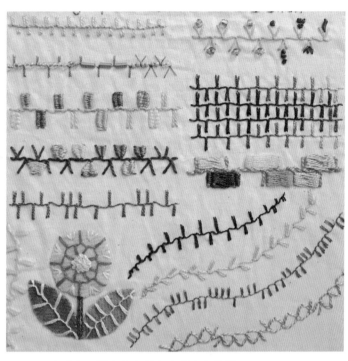

图9-11 | 改变入针点和出针点左右方向的练习

4.与其他针法结合

扣眼绣与其他针法结合，还可以绣制出变化更为丰富的刺绣纹样。例如，可以与锁链针结合，在绣制完成的锁链针上面，再加一层扣眼针，刺绣图案更有层次（图9-12）；还可以在扣眼针下面垫填充物令其起鼓，塑造立体形态（图9-13）。

图9-12 | 与锁链针结合

图9-13 | 内垫填充物的扣眼针

以上仅仅是对扣眼针的变化做了非常有限的尝试，还有很大的针法变化空间等待刺绣者去探索。在掌握刺绣基本针法的基础上，在实践中挖掘，在传承中保护是发扬刺绣文化的有效路径。

四、刺绣空间拓展

　　传统刺绣是以面料作为载体，用细细的丝线在上面绣制出较为平面的图案，绣线紧紧贴合在面料上，还属于二维空间表现。现代一些刺绣艺术家不断尝试跨界融合，使用各种不同的材料塑造质感，将不同的媒介放入一个平面之上，刺绣与不同文化和艺术媒介进行碰撞，表现空间也从二维空间转向三维空间，刺绣艺术以更多样化的形式展现于大众视野中。

　　波兰艺术家Justyna Wolodkiewicz将软陶雕塑与传统刺绣工艺相结合，创作出一系列让人耳目一新的三维立体刺绣作品（图9-14）。她利用软陶的可塑性以及针线的可穿插性，结合两者的丰富色彩，从生活的各种细节、心情中获取灵感并注入她的创作中，使作品具有多维性。她利用鲜艳的色彩、肌理与形状的对比，巧妙地将软陶雕刻和刺绣安排在同一绣框中，呈现出独一无二的视觉语言（图9-15）。

图9-14 | Justyna Wolodkiewicz的三维立体刺绣作品

图9-15 | Justyna Wolodkiewicz刺绣作品细节图

　　秘鲁刺绣艺术家Ana Teresa Barboza在作品的构建中使用了钩针、刺绣、拼贴、插图和摄影等不同语言，模糊了刺绣、挂毯和雕塑之间的界限，创作出了破框而出的自然风景刺绣（图9-16），这些带有蜿蜒溪流的刺绣景观打破了"第四面墙"，从它们的2D结构上跳下来，在蓝色和绿色的瀑布中层叠到地板上，从画布上溢出的纱线象征着植物的旺盛的生命力。Ana Teresa Barboza以高度原创的方式诠释和复兴刺绣，她的作品位于刺绣和雕塑之间，以一种非常独特的方式描绘了自然元素。

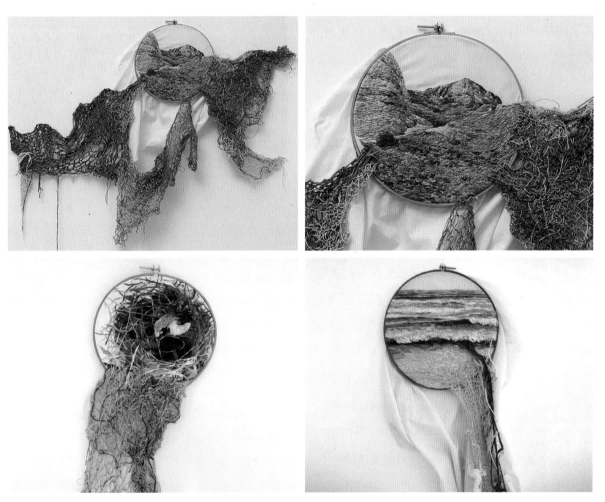

图9-16 | Ana Teresa Barboza刺绣作品

第二节　刺绣创作案例

一、三月兔幻想曲（图9-17）

1.设计构思及说明

作品图案提取了"爱丽丝梦游仙境"中三月兔、镜子、扑克牌、时钟等元素进行再设计（图9-18），采用冰淇淋配色，塑造甜美可爱风格。绣面采用多种针法综合运用，肌理层次丰富、疏密有度、俏皮童趣（图9-19）。

2.材料

棉麻布、各色棉涤绣线、手针、水消笔、马克笔。

3.刺绣针法

结粒绣、回针、编织绣、缎面绣、绕线绣、麦穗绣、掺针、扭针、钉线绣等。

4.刺绣步骤

（1）打印出图案线稿，用水消笔在拷贝台拷贝图案轮廓到棉麻布上（图9-20）。

（2）用扭针绣出所有轮廓线（图9-21）。

（3）绣蘑菇：马克笔给蘑菇的菌盖打红色底色；用毛巾绣在红色菌盖上点缀白色斑点；用散套针绣蘑菇的菌褶和菌柄（图9-22）。

（4）绣帽子：用种子绣针法填充帽子，注意针法方向变化，疏密呈不规则分布，并用缎面绣做白色圆点装饰；蝴蝶结部分先用缎面绣填充，紫色部分用回针绣固定装饰（图9-23）。

（5）绣镜子：用回针法绣制镜框，再用链条绣装饰一圈增加层次；镜面用织补绣完成镂空的菱形棋盘格绣制；扑克牌先用缎面绣大面积填充，再用直针穿插编织与打籽针结合绣出魔法阵；壶盖和壶身用缎面绣打底，打籽针压浮线并装饰，用环编针绣壶嘴（图9-24）。

图9-17｜刺绣作品三月兔幻想曲（刘瑞琪）

图9-18｜爱丽丝梦游仙境

图9-19｜图案设计稿

（6）绣门：麦穗绣填充边框，再用绕线平针绣填充内里（图9-25）。

（7）绣兔子：用毛巾绣将兔子身体绣成白色；上衣用缎面绣打底，其间绣心形图案装饰；颈饰用卷绕绣完成；兔子吹的小号用网绣完成（图9-26）。

（8）绣蝴蝶结丝带：缎面绣填充蝴蝶结心和丝带背面；丝带表面用网格钉线绣出蕾丝格子效果；根据装饰圆点的大小和分布选择编织绣、打籽针或缎面绣来填充（图9-27）。

图9-20｜图案线稿

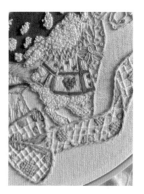

图9-21｜扭针绣轮廓线

图9-22｜蘑菇部分的针法

图9-23｜帽子部分的针法

图9-24｜镜子部分的针法

图9-25｜绣制门的针法

图9-26｜兔子部分的针法

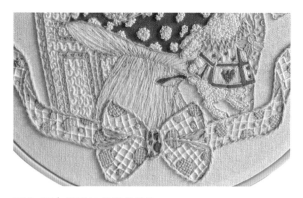

图9-27｜蝴蝶结丝带的针法

二、霓虹海浪（图9-28）

1.设计构思及说明

作品灵感来源于英国摄影师Nathan Head的摄影作品"霓虹海浪"（图9-29），明媚阳光下的海水有玉一般的质感，翻滚的海浪水珠迸溅，折射出动人的七彩光芒。作者融合多彩的世界，用针线再现色彩碰撞的艺术。采用横向虚针，头尾相接、互相穿插的针法，使线条排列呈稀疏变化，表现虚中有实、闪闪发光的海面，再用钉珠绣将半透明的白色珠子紧密排列，再现喷溅的浪花。刺绣者用非常少的针法和简单的材料，制作出色彩丰富、质感对比强烈的现代艺术刺绣作品。

2.材料

白色纯棉底布、各色蚕丝线、不同大小的半透明白色米珠、手针、水消笔。

3.刺绣针法

横向虚针、钉珠绣。

4.刺绣步骤

（1）用水消笔轻轻在布上画出海浪的大致轮廓线，从左至右绣横向虚针，针脚前后相接，长短不一有变化。先铺整体的大色块，把泡沫的部分留白（图9-30）。

（2）再将局部颜色穿插着同样用横向虚针叠加绣上去（图9-31）。

（3）在细节部分过渡，层层叠加，将缝隙填满（图9-32）。

（4）用白色线将不同大小的米珠钉在浪花的位置，在有颜色的地方也零散钉一些米珠（图9-33）。

图9-28 │ 刺绣作品霓虹海浪（赵世瑾）

图9-29 │ Nathan Head摄影作品"霓虹海浪"

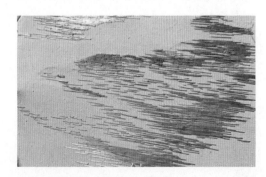

图9-30 │ 铺整体色块

图9-31 │ 叠加颜色层次

 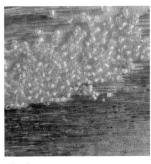 

图 9-32 | 细节过渡　　　　　　　　　图 9-33 | 钉珠

三、蝉之絮（图 9-34）

1. 设计构思及说明

灵感来源于夏末秋蝉，这种生物很奇怪，幼虫埋在地下 3～17 年，好不容易破土而出，却只有数天的寿命，而这确是属于它们必经的磨炼，只有这样之后才可以沐浴于月光下，吟声歌唱不休，享受属于它们的整个夏天。

作品以青绿色系打底，其上勾勒蝉的轮廓与细节，以灰白色为主调性，来表达蝉脆弱又坚韧的个性特征，再搭配立体点缀，赋予画面丰富之感。首先运用染色手法将面料进行色彩晕染处理，配以针线刺绣出蝉的图案，搭配金银丝线与马眼片，再缀以珍珠与立体花朵，这样更能丰富面料肌理，突出图案质感。

图 9-34 | 刺绣作品蝉之絮（鲁冰莹）

2. 所用材料

绣线、绣绷、水消笔、浅麻灰色棉麻布、200 码银线、云彩纱、白色盐缩肌理面料、马眼片（水晶白、哑光淡蓝绿白彩）、幻彩白色法绣线、珍珠、法绣小钻、彩墨（含金银粉）等。

3. 刺绣针法

打籽绣、轮廓绣、回针绣、钉线钉物绣、长短针绣、缎面绣、羽毛绣等。

4. 刺绣步骤

（1）先使用彩墨对棉麻布进行染色，使作品色彩富有层次（图 9-35）。

图 9-35 | 彩墨染底布

（2）用水消笔在绣布上勾勒出图案轮廓，再将云彩纱裁剪出蝉的外轮廓，然后固定于绣绷的相应位置；将单股银线、幻彩白线与白色绣线混合拧成股，用轮廓绣、回针绣和钉线绣等针法绣出蝉的外轮廓线条（图9-36）。

（3）内里填充图案的地方使用单股白色绣线与幻彩白线，分别使用打籽绣、长短针绣、缎面绣与羽毛绣对不同地方进行填充（图9-37）。

（4）用盐缩肌理面料裁剪成羽毛形状后分层次固定于蝉翼处，塑造其立体质感（图9-38）。

（5）将马眼片钉绣于蝉翼与蝉身所需地方，使蝉就像在闪闪发光般（图9-39）。

（6）最后是在图案以外的地方增加立体点缀，用盐缩肌理面料制作花瓣，打籽绣法固定黄色花心。钉物绣法固定不同大小的珍珠与小钻，还有使用白色绣线与幻彩白线拧股后用打籽绣绣出点状图案，增强画面立体感，使其更为丰富多彩（图9-40）。

图9-36 ｜ 勾勒蝉的外轮廓

图9-37 ｜ 多种针法刺绣蝉的头部与身体

图9-38 ｜ 盐缩肌理面料绣蝉翼

图9-39 | 马眼片绣蝉翼与蝉身

图9-40 | 点缀画面

四、森林做的梦（图9-41）

1.设计构思及说明

作为一名服装专业的学生，经常会有很多制作、修改衣物剩余的面料、辅料，占空间但不舍得丢掉，联想到在日常生活中常有一些旧照片和杂志被拼贴做成手账的形式，于是尝试用刺绣的形式将其他纺织品联系起来。通过不同材质的拼接，可持续使用的材料，努力在自己的创作中实现零浪费，用微小的针和细腻的线来讲故事。希望以更为天马行空的方式来叙述，形成时间密集的、编织的、融进手艺属性的"复合物"气息，让传统的刺绣工艺可以被更多"当代"感官所调动。

本作品取材于日常生活中随处可见的花朵、树叶、动物、山峦，用童趣和色彩进行抽象化设计，虚构了森林中夜晚发生的故事，对日本艺术家Kimika的刺绣作品进行二次创作（图9-42）。相比于原作，本次创作加入了更多正负形、色彩叠加、剪纸、重复图案等儿童画常用手法，通过

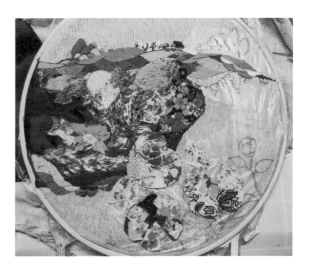

图9-41 | 刺绣作品森林做的梦（张怡侬）

图9-42 | Kimika刺绣作品

模拟儿童绘本造型，实现"用充满了好奇的针线捕捉多彩世界"。同时从插画作品或动画作品中选取颜色搭配，通过丰富的色彩软化粗糙的缝迹线，使作品呈现出不同能量。在这次创作中针法更加丰富自由，针脚也不具有统一的尺寸或者宽度，不拘泥于固定。尝试多种肌理组合，促使作品像童话故事一样变幻莫测，探索用针线来表达对事物的感受。米珠、亮片等特殊材质的梦幻展示让本身扁平的2D绣花变得立体，更具有质感。

2.所用材料

绣布、绣针、绣线、绣绷、纱剪、水溶纸、水溶笔、废弃的印花面料、丙烯颜料、米珠、亮片等。

3.刺绣针法

直线绣、缎面绣、长短针绣、平针绣、自由绣、回针绣、钉线绣、锁边绣、结粒绣等。

4.刺绣步骤

（1）材料准备：作品基于"对废弃材料的二次利用"，材料准备是特别重要的一个环节。首先要找到可以使用的废弃面料，在头脑中形成大概的氛围感后，确定颜色主题，据此选择相应的绣线和装饰材制。本作品选择使用了各种印花面料，以及200色绣线和各种材质的亮片、米珠，呼应印花面料的繁杂感和童话主题的梦幻感。

（2）上绷：用水溶笔在水溶膜上描写设计稿；选择好合适的绣布后，将水溶膜和绣布一同紧绷在绣绷上。

（3）拼贴面料：将设计稿中天空、树叶、狐狸、花朵等需要拼贴面料的部分分别描出轮廓，转印至其他纸张；将废弃面料堆叠在每一个轮廓内，尝试不同的拼贴方式；确定好面料拼接顺序后依照轮廓裁剪面料，并将裁剪好的面料粗缝固定在水溶膜相应的位置上（图9-43）。

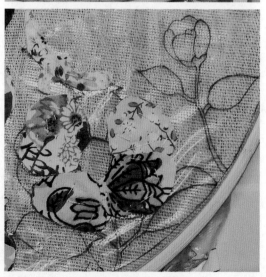

（4）分区绣制：主物体狐狸使用与底色相对的红色、橙色、黄色、棕色、白色等暖色，搭配自由绣（乱针绣），长短针模仿毛茸茸的质感（图9-44）。

起伏的山川土地，通过五彩的颜色，变换的针法（缎面绣、自由绣、回针绣、直线绣穿插使用）营造视觉上的起伏（图9-45）。

树木、房子等小物件用劈线点缀颜色（图9-46）。

由面料打底的树叶、花朵，既可以用蓝紫色系的自由绣表达浪漫感，也可以用绿色、粉色钉线绣模拟树叶的堆叠，长短针和直线绣更能突出颜色层次，复

图9-43 | 拼贴并粗缝固定印花面料

杂的锁边绣更增加童趣感（图9-47）。

（5）装饰细节：确定所有面料都已固定好后，摘下绣布洗去水溶膜。此时的刺绣作品已经快要完成，需要观察整体画面，待面料干透后在部分区域涂上丙烯颜料进行颜色和质感的补充，在丙烯颜料上再次进行刺绣填充。最后，用晶莹剔透的亮片和米珠点缀绣布，让作品更加轻快明亮，富有童趣（图9-48）。

图9-44 ｜ 狐狸绣制

图9-45 ｜ 山川土地绣制

图9-46 ｜ 树木、房子绣制

图9-47 | 树叶、花朵绣制

图9-48 | 细节装饰

思考题

1.刺绣风格的转化与塑造可以从哪些方面入手？

2.如何利用刺绣进行产品风格塑造？

3.根据现代生活方式，综合运用刺绣的创新方法，构思设计一系列刺绣作品，并挑选一件制作成实物。

参考文献

[1] 唐家路.民间艺术的文化生态论[M].北京:清华大学出版社,2006.

[2] 周莹.指尖上的艺术:少数民族传统服饰手工艺研究[M].北京:中国纺织出版社,2015.

[3] 崔荣荣,张竞琼.近代汉族民间服饰全集[M].北京:中国轻工业出版社,2009.

[4] 卢新燕.服饰传统手工艺[M].北京:中国纺织出版社,2020.

[5] 田小杭.中国传统工艺全集:民间手工艺[M].郑州:大象出版社,2007.

[6] 钱小萍.中国织锦大全[M].北京:中国纺织出版社,2014.

[7] 邵杨.中国结艺[M].北京:北京语言大学出版社,2022.

[8] 韩照丹.大理白族扎染[M].北京:文化艺术出版社,2021.

[9] 邵晓琤.中国刺绣经典针法图解:跟着大师学刺绣[M].上海:上海科学技术出版社, 2018.

[10] 张爱华.龙凤旗袍手工制作技艺[M].上海:上海人民出版社,2014.

[11] 周锡保.中国古代服饰史[M].北京:中国戏剧出版社,1984:485.

[12] 赵新平,宋博文.大理白族扎染纹样的研究与应用[J].包装与设计,2016.

教学资源

章	页码	名称	二维码	章	页码	名称	二维码
第五章	122	塔式绑扎法		第六章	144	扣眼针	
第五章	123	云彩染绑扎法		第六章	145	羽毛绣	
第五章	123	杆状缠绕法		第六章	146	锁链针	
第五章	126	对角线折叠法		第六章	147	开口锁链针	
第五章	128	撮结		第六章	148	打籽针	
第六章	136	劈针		第六章	149	十字挑	
第六章	137	扭针		第六章	150	重叠十字挑	
第六章	138	直缠齐针		第六章	151	双色重叠十字挑	

续表

章	页码	名称	二维码	章	页码	名称	二维码
第六章	152	山形绣		第七章	165	明缲针	
第六章	153	钉线绣		第七章	165	暗缲针	
第七章	162	平缝针		第七章	165	拱针	
第七章	162	回针		第七章	165	拉线襻	
第七章	163	倒三角针		第七章	166	锁边针	
第七章	164	套结针		第七章	166	绗缝针	
第七章	164	斜扎针		第七章	167	贯针